AF366500

JEAN DE NAMUR

ou

ENTRETIENS D'UN INSTITUTEUR

AVEC SES ÉLÈVES

JEAN DE NAMUR

OU

ENTRETIENS D'UN INSTITUTEUR

AVEC SES ÉLÈVES

SUR LA PROTECTION QUE L'HOMME DOIT AUX ANIMAUX DANS SON
INTÉRÊT PERSONNEL

LIVRE DE LECTURE COURANTE

Second prix au Concours de la Société royale protectrice
des animaux, à Bruxelles

PAR

Mlle LILLA PICHARD

Lauréat de la Société d'encouragement au bien et des Sociétés
protectrices de Paris et de Bruxelles.

COULOMMIERS

TYPOGRAPHIE DE A. MOUSSIN

1869

EXTRAIT

DU RAPPORT DU JURY D'EXAMEN

Sur le concours ouvert par la Société royale protectrice des animaux, à Bruxelles.

. . . .

Le manuscrit n° 4, *Causeries de maître Dickens*, ou ruine et prospérité, est un travail qui fait honneur à notre concours.

Simon Pinacker, le voiturier, maître Dickens, l'instituteur, et quelques élèves de ce dernier, font ensemble, en voiture, une promenade à la campagne. Voilà tout le fond de l'histoire. La conversation a pour texte les animaux. Chemin faisant, ils font la rencontre d'une carriole attelée d'un chien, ce qui donne à Dickens l'occasion de parler longuement du chien, de son utilité. Plus loin, les promeneurs aperçoivent un homme qui traîne une chèvre et des jeunes filles qui jouent avec un mouton. Ils entament avec elles une conversation charmante et instructive.

Un instant après, ils passent auprès d'une bande de chasseurs de mésanges, puis ils sont témoins d'un combat de coqs. Ils arrivent dans un pâturage où ils ont l'occasion d'étudier les effets d'un bon et d'un mauvais traitement de bestiaux, s'arrêtent dans une auberge, assistent à la fête du village où d'ignobles jeux attirent la foule : le tir à l'anguille, un combat de dogues.

Plus loin, ils font une course d'ânes, etc. Au retour, ils rencontrent un conducteur de bœufs qui brutalise ses bêtes et, enfin, un homme compatissant qui, par la douceur, est parvenu à apprivoiser des oiseaux en pleine liberté.

Chacune de ces rencontres est le sujet d'une leçon, d'une conversation dans lesquelles on passe en revue tout ce qui se rattache à la question de leur utilité, de la conduite à tenir à leur égard.

La donnée du livre est simple, mais elle est développée avec aisance et soutient toujours l'attention. Quand on en a commencé la lecture, on est pris dans un engrenage et l'on est entraîné. C'est un grand mérite. Le style en est bon ; quelques pages sont belles ; çà et là il y a des pensées exprimées d'une manière remarquable. Nous citons par exemple celle-ci : « L'extinction d'une erreur est le pas d'un siècle. »

Ce mémoire est un livre plein de cœur.

Le rapporteur,

CH. RUELENS.

Bruxelles, le 7 mai 1868.

PRÉFACE

—

Voici un livre un peu empreint de couleur belge, quoique édité en France. La raison en est que la Société royale protectrice de Bruxelles ayant fait appel à tous les auteurs dont la plume est vouée à l'éducation de la jeunesse, j'ai répondu à cet appel et me suis conformée au programme énoncé par elle.

Ce programme disait :

« La Société royale protectrice des animaux, sous le patronage de S. M. Léopold II, roi des Belges,

« Voulant répandre parmi la jeunesse des villes et des campagnes, des sentiments, des idées de douceur et de bons traitements envers les animaux ;

« Institue le concours indiqué ci-après:

« Il est ouvert un concours pour la rédaction d'un livre élémentaire de lecture courante en préceptes et en exemples, à l'usage des écoles primaires et de l'enfance en général, exposant dans un langage simple et à la portée des jeunes intelligences les préceptes de douceur et d'humanité dont s'inspirent les Sociétés protectrices et en particulier les soins que le respect des œuvres du Créateur et les principes de morale commandent de donner aux animaux, ces utiles auxiliaires de l'homme.

« On fera ressortir l'importance du rôle des animaux au profit de l'homme et l'on fera comprendre à l'enfance combien il est injuste et cruel de les maltraiter ou d'abuser de leurs forces. On démontrera que les mauvais traitements abrégent leur existence et que l'intérêt même de ceux qui les possèdent exige qu'ils soient traités avec douceur, afin d'en obtenir une plus grande somme de services.

« On fera comprendre à l'enfance la nécessité de respecter les nichées et d'épargner les oiseaux dont le concours est si utile aux agriculteurs ; on lui enseignera enfin à ne se faire un plaisir de la souffrance d'aucun être créé.

« L'ouvrage, écrit au point de vue de la Belgique et où l'on fera mention de quelques usages existants, sera court et écrit d'un style clair et à la portée de l'enfance. On s'attachera spécialement à donner à ce livre de lecture une forme attrayante et, autant que possible, on appuiera les recommandations d'anecdotes et d'exemples destinés à les graver dans la mémoire des enfants.

« VISSCHERS. »

Cet ouvrage, présenté au concours sous le titre de *Causeries de maître Dickens*, a obtenu le second prix (médaille d'argent), avec le rapport ci-après, qui vaut peut-être mieux que la récompense.

Au reste, la couleur locale, en donnant à ce travail le cachet de la nouveauté, ne peut être qu'un attrait.

Enfin, sachant qu'un auteur ne peut faire pénétrer les hautes idées de morale dans l'esprit des enfants qu'en les présentant sous

une forme amusante, je me suis attachée à
répandre dans ce livre tout l'intérêt possible. Le rapport de M. Ruelens me donne la
certitude que j'ai eu le bonheur d'y réussir.

Lilla PICHARD.

20 novembre 1868.

JEAN DE NAMUR

SUR LE GRAND CHEMIN

— En route ! en route ! s'écria le vieux Simon Pinacker, en faisant claquer son fouet. A ce signal, une douzaine de jeunes garçons s'élancèrent dans la voiture, arrêtée devant une institution de jeunes gens de la ville de N***, se pressèrent sur les banquettes, en bondissant de joie et en imprimant au véhicule un mouvement en rapport avec la mobilité de leurs impressions.

Quand ils furent tous montés, un homme d'une quarantaine d'années monta aussi, prit place au milieu d'eux, en souriant d'aise et se frottant les mains en signe de satisfaction.

Des cheveux blancs encadraient sa figure fraîche et joviale, et cet indice de vieillesse, sur ce jeune visage, semblait être une raillerie du temps, car son cœur aussi était jeune, et son âme, ardente comme aux beaux fours de son adolescence, était animée de cette flamme qui brûle le front des hommes de génie, mais fait monter la sève des idées généreuses et des nobles élans.

Pour l'intelligence de ce récit, disons encore que le vieux Simon Pinacker, homme de cœur et de bon sens, était le propriétaire, le conducteur de la voiture; que les jeunes garçons étaient des écoliers en promenade et que l'homme aux cheveux blancs était leur maître et leur ami.

Trouvant en lui un père, ils disaient, en parlant de lui : « Papa Jean; » mais communément on l'appelait Jean de Namur, en souvenir de sa ville natale.

Quand la voiture se fut mise en mouvement, Joseph, l'un des enfants, prit la parole et, s'adressant au maître :

— Monsieur, dit-il, c'est, je crois, le moment où vous devez nous dire le but de notre promenade ?

JEAN DE NAMUR. — Oui, mon enfant, je vais vous le dire : nous allons contempler un beau et splendide spectacle; nous allons voir les œuvres de Dieu et écouter ce que la nature dit au cœur de l'homme.

JOSEPH. — *Est-ce qu'il* faut sortir de chez soi pour voir les œuvres de Dieu ?

JEAN DE NAMUR. — *Bien que la création soit*

visible partout, c'est pourtant à la campagne qu'elle se manifeste à nos yeux avec plus de charme et d'éclat. Là, l'esprit est moins distrait et par conséquent plus observateur.

JÉROME. — Moi, je ne sais pas ce que la nature peut dire au cœur de l'homme ; si j'étais tout seul à la campagne, il me semble que je ne penserais à rien et que je ne tarderais pas à m'endormir.

— Tais-toi, Jérôme, dit le maître, en frappant doucement sur la joue de l'enfant ; tu parles comme un ignorant, comme un homme grossier et insensible ; mais je t'apprendrai à sentir, je t'apprendrai à connaître, et alors tu seras plus heureux que bien des gens du monde qui s'ennuient partout, surtout à la campagne, parce que ce qu'il y a de plus beau, de plus pur, de plus parfait leur échappe, ou bien que, si ces beautés leur apparaissent, elles s'arrêtent à l'œil sans aller au cœur, sans y faire naître la moindre admiration. A quoi penses-tu, Philippe ? Tu as fait un mouvement de crainte.

PHILIPPE. — Monsieur, je craignais qu'on n'eût oublié de mettre le panier aux provisions dans la voiture.

JEAN DE NAMUR. — Il y est, rassure-toi ; j'ai pensé à tout. Ce serait un mauvais moyen de me faire écouter que de vous imposer le jeûne; je sais que *ventre affamé n'a pas d'oreilles.*

PAUL. — Oh! nous ne jeûnerons pas; j'ai vu le contenu du panier. Il y a une hure farcie à la pistache, une langue de bœuf, deux jambonneaux, des cerises et un gros pain. C'est beaucoup, mais nous ne laisserons rien.

— Bravo! s'écrièrent les enfants.

— Bravo! répéta Jean de Namur. Voilà des enfants qui me feront honneur si leur intelligence se développe en proportion de leur appétit.

ADRIEN. — Cher maître, laissez ces mangeurs s'occuper du menu de la collation et parlez-nous encore de ce que nous allons voir. Moi, j'aimerais qu'il y eût des animaux dans cette campagne; là où il y a des animaux je ne m'ennuie pas; sans me parler, ils me font penser à une foule de choses qui me rendent meilleur. Ainsi, vous louez souvent ma persévérance; je la dois à une fourmi. On me trouve charitable envers mes camarades, eh bien! c'est une hirondelle qui m'a donné l'exemple de la charité.

JEAN DE NAMUR. — Ah! mon cher enfant, c'est que vous avez un esprit observateur et un cœur tendre, et que le bien fait impression sur vous; c'est aussi que vous n'aimez pas les animaux à la façon des autres enfants, c'est-à-dire pour en faire des jouets, des souffre-douleur, mais bien pour en faire un sujet d'étude et de reconnaissance envers Dieu; aussi êtes-vous ma consolation et la joie de vos chers parents. Eh bien! puisque vous aimez tant cette portion animée de la création, je vous dirai que nous aurons à l'admirer aussi.

Il y a dans les campagnes que nous allons visiter une réunion d'espèces utiles que les ignorants détruisent, mais que les savants et les amis de l'agriculture conservent. Vous y trouverez bien des motifs de remercier Dieu d'un bienfait auquel l'homme ne pense guère. Sachez-le, mes enfants, les animaux sont un don, une largesse de la main divine; Dieu aurait pu ne pas les créer, et alors le monde eût péri, parce que la terre ne peut produire et l'homme ne peut récolter sans le concours de ces auxiliaires puissants, et non payés pourtant.

En outre, l'homme, livré à ses propres forces, n'aurait pu accomplir sa tâche, et sa vie, abrégée par un travail excessif, eût été courte et malheureuse.

Sylvain. — Comment se fait-il que l'homme ne puisse récolter sans le concours des animaux? Je ne comprends pas cela.

JEAN DE NAMUR. — Je vais vous le faire comprendre : pour que la terre produise, il ne suffit pas de l'ensemencer, il faut encore qu'aucune cause, indépendante de la volonté de l'homme, n'entrave le travail du cultivateur ni celui de la végétation. Or, il existe une foule d'insectes qui dérangeraient incessamment le travail de l'homme et de la nature si Dieu n'avait pas créé des animaux utiles qui détruisent les animaux nuisibles et rendent le travail de l'homme fructueux.

J'ai dit en second lieu que, sans les animaux, la vie de l'homme eût été plus courte. On n'en peut douter quand on songe aux fatigues qu'ils nous évitent et à la nourriture substantielle que leur chair nous fournit.

ANTOINE. — Quelles fatigues nous évitent-ils donc?

JEAN DE NAMUR. — Les uns portent vos fardeaux et vos personnes, les autres labourent la terre, d'autres encore échenillent vos arbres.

ADRIEN. — Je devine quels sont ces animaux. Ce sont : les chevaux, les ânes, les bœufs, les oiseaux.

JEAN DE NAMUR. — Précisément. J'ajoute ceci : l'animal est non-seulement l'auxiliaire des travaux de l'homme, mais encore l'agent de ses plaisirs ; il ne faut pas aller bien loin pour en trouver un exemple. Vous êtes bien heureux d'aller vous promener à cinq lieues de la ville, n'est-ce pas? Cependant, s'il vous fallait y aller à pied, en plein soleil et porter le panier aux provisions, vous ne tarderiez pas à être bien fatigués ; vous diriez bientôt que la peine passe le plaisir et peut-être renonceriez-vous à cette promenade si longtemps désirée, mais qui deviendrait une corvée par les souffrances qu'elle vous imposerait. Eh bien! ces souffrances, ces fatigues, ce bon cheval les prend pour lui; il vous porte où vous ne pouvez pas aller, il supporte les rayons brûlants du soleil, il sue pour que vous arriviez alertes et dispos au but de vos désirs; voyez quel aide, quel ami Dieu vous a donné dans ce bon cheval, et combien vous seriez malheureux s'il n'avait pas été créé.

ADRIEN. — Pauvre bon cheval! Je veux qu'il ait aussi sa récréation et son régal.

En ce moment on gravissait une côte, le cheval, objet de cette touchante allocution, avait ralenti sa marche; Sylvain, impatient d'arriver, dit à Pinacker :

— Nous n'avançons pas; fouettez donc votre cheval.

— Fouetter mon cheval! reprit Simon Pinacker en se retournant d'un air courroucé, je m'en garderai bien; j'ai tout intérêt à ménager ses forces; moins je l'userai, plus il vivra, et plus il vivra, moins vite j'en achèterai un autre. Rappelez-vous bien ceci, mon petit Monsieur : *Économie de forces pour la bête, économie d'argent pour le maître.*

Depuis dix ans que mon cheval me sert, mon ami Rits, qui ne gagne pas plus que moi, mais qui surcharge son cheval et le bat, en a usé quatre. Il a donc dépensé quatre fois 600 francs, c'est-à-dire 2,400 francs, et moi, je n'ai encore sorti que 600 francs de ma poche. Or, 600 francs de 2,400, reste 1,800 francs. L'économie est claire. Donc, 1,800 francs d'économisés, 1,800 francs de gagnés.

— Bien parlé! s'écria Jean de Namur, et pour ménager les forces de ce bon cheval qui travaille pour que nous nous amusions, nous allons descendre de voiture et monter la côte à pied.

Tout le monde descendit.

Les élèves s'étant placés à la droite et à la gauche du maître, Jean de Namur leur dit :

— Je veux graver dans votre esprit la leçon

que Pinacker vient de vous donner. Le simple bon sens de cette homme lui a révélé ce précepte d'une haute portée :

Prends soin de l'animal qui te sert, aime-le et traite-le en ami.

Sachez-le bien, mes enfants, l'homme n'est le roi de la création qu'autant qu'il exerce sa puissance avec sagesse et bonté; du moment qu'il abuse de son pouvoir, il n'est plus roi, mais tyran, et sa tyrannie tourne contre lui.

Fouetter un cheval qui ne peut pas marcher plus vite, sans une dépense de forces qui l'épuise; lui faire porter une charge trop lourde, le frapper du pied ou du manche de son fouet, l'obliger à travailler quand il est souffrant ou infirme sont des actes défendus et punis par la loi. Mais en supposant que ces mauvais traitements échappent à la surveillance des agents de l'autorité, il y a toujours pour l'homme brutal une punition certaine : c'est le dépérissement, la mort prématurée de l'animal qui pouvait lui rendre de longs et excellents services s'il l'eût traité avec douceur. Un fait dont j'ai été témoin vous en donnera un exemple.

Quand j'étais enfant, nous avions pour

voisin un homme intéressé, avare, grossier,
qui était cocher de remise. Il nourrissait
mal son cheval, le faisait beaucoup travailler
et n'avait pas le soin de le couvrir d'une
chaude couverture quand il s'arrêtait tout
ruisselant de sueur. Le cheval maigrit
d'abord, puis perdit ses forces ; mais il n'en
travailla pas moins et n'en mangea pas
davantage ; puis survinrent des douleurs
causées par les refroidissements, il boita ;
on le fit travailler quand même. Quelques
jours de repos, de bons soins l'auraient
pourtant remis; on le disait à son maître, mais
il en riait; son cheval n'aurait rien gagné,
rien rapporté, s'il l'avait mis au repos; cela
paraissait dur à un avare ; l'avare raisonne
mal ; aussi répondait-il sottement à ces bons
avis, par cette phrase banale à l'usage des
gens intéressés et peu éclairés :

« Puisque mon cheval mange, il faut
bien qu'il travaille. » Sotte réponse ! Manger ne donne pas toujours le pouvoir de
travailler, surtout quand les membres s'y
refusent. D'ailleurs, comme il le nourrissait
mal, on aurait pu lui retourner l'argument
et dire : « Puisque votre cheval travaille,
il faut bien qu'il mange. » Le maître recula
donc devant un repos qui lui eût causé
un déficit de 40 francs. Le cheval fit des

efforts suprêmes pour produire de l'argent à cet homme cupide; mais un jour, les forces lui manquant, il tomba et se cassa la jambe. Il fallut l'abattre. Ce fut une perte de 400 francs pour son maître, mais celui-ci avait cru gagner 40 francs.

Joseph. — Je n'avais jamais songé à ces choses; je vois que l'homme a un immense intérêt à soigner son cheval comme un frère.

— Un frère! un frère! s'écrièrent les autres élèves, nous voilà bien apparentés!

Jean de Namur.— Oui, Messieurs, un frère. Un frère inférieur si vous le voulez, mais un frère, puisque c'est notre Père céleste qui l'a créé de la même matière que nous. S'il nous a accordé plus d'intelligence, remercions-le de cette faveur, mais ne nous en targuons pas pour être durs à ceux qu'il nous a donnés pour adoucir les labeurs de notre vie (1).

Le cheval est le plus noble animal qui soit sorti des mains du Créateur. Il est fort, indépendant, courageux, ardent, attaché à

(1) Jean de Namur, en parlant ainsi, mes enfants, s'inspirait de saint François d'Assise, qui dit un jour aux hirondelles dont le gazouillement le troublait dans sa prédication : *Mes sœurs, quand je prêche, je vous prie de vous taire.*

son maître et heureux de le servir. Dieu l'a
donné à l'homme pour lui venir en aide, pour
le porter, mais l'homme ne peut en être le
maître que par la supériorité de son esprit;
par les coups il l'abrutit, mais ne le dompte
pas et n'en obtient que de faibles services.

Celui qui maltraite ce bon serviteur se
met bien au-dessous de lui aux yeux de
Dieu et des hommes.

Celui qui possède un cheval ou tout autre
animal, contracte devoirs envers lui.

Il doit l'aimer, le nourrir suffisamment,
le soigner et le rendre heureux.

N'aime pas son cheval, celui qui lui
demande plus qu'il ne peut donner.

Ne nourrit pas suffisamment son cheval,
celui qui, par économie, lui réduit sa
ration.

Ne soigne pas son cheval, celui qui le
fait travailler malade, souffrant ou blessé.

Ne rend pas son cheval heureux, celui
qui le maltraite, le fatigue, lui donne une
mauvaise litière; et celui qui n'aime ni
ne soigne, ni ne rend heureux l'animal qui
le sert, commet une injustice, une ingrati-
tude qui doivent être punies par Dieu, et
par les hommes.

Si l'homme veut conserver sa supériorité
sur l'animal, qu'il commence par l'égaler

en patience, en résignation, en sobriété. Je
m'imagine un cheval pensant et faisant ses
réflexions sur la conduite de son maître.
Celui-ci qui devrait raisonner ne raisonne
pas les trois quarts du temps; il demande
l'impossible et veut qu'avec une surcharge
écrasante son cheval coure sur un terrain
glissant. « Homme raisonnable, à quoi te
sert ta raison ? doit dire le cheval; tu vois
bien que je porte une charge plus lourde
que moi, sur un terrain où j'aurais déjà
bien de la peine à marcher libre et sans far-
deau. » — Néanmoins le cheval fait des
efforts des jambes et des épaules sans pouvoir avancer. Mais l'homme lui donne force
coups de pied et le cheval se dit : « Homme
sans patience et sans jugement, que veux-
tu de plus? j'emploie toutes les forces qui
sont en moi ; ne le vois-tu pas? Toi qui as
une raison, aide-moi, puisque je n'ai que
ma bonne volonté. » Mais l'homme ne raisonne pas toujours, et c'est quand son cheval est tombé et s'est cassé la jambe qu'il
comprend qu'il lui a trop demandé.

Souvent aussi le maître s'enivre et exige
de son cheval une raison que lui-même n'a
pas. C'est alors que la pauvre bête est surmenée, martyrisée et qu'elle paraît bien
noble dans sa patience. Un homme qui souf-

frirait ainsi tous les jours sans se venger serait un saint.

Quelquefois le cheval prend le rôle de l'homme et le conduit. Une fois, j'en vis un qui me donna à penser.

L'homme était ivre et allait à pied, tenant son cheval par la bride. Bientôt l'homme tomba aux pieds du cheval qui s'arrêta court et regarda son maître par terre. Le cheval semblait rire ; il disait sans doute en lui-même :

— Pauvre roi de la création, dans quel état se trouve ta majesté !

***

LE PLUS BÊTE DES DEUX N'EST PAS CELUI QU'ON PENSE

La jeune troupe faisait encore des réflexions sur cette pensée morale, quand un spectacle nouveau s'offrit à leurs yeux.

Un chien, attelé à une petite voiture, dans laquelle était assis un gros homme, courait haletant en descendant la côte.

La pente rapide suffisait seule pour accélérer la marche du léger véhicule et de la *grosse* charge ; cependant la *grosse* charge, personnifiée par le *gros* homme, donnait force coups de bâton à la bête qui hurlait en fendant l'air. C'était une scène moitié hideuse, moitié grotesque.

A cette vue, le bon petit Adrien s'écria :

— Oh! le *gros* paresseux qui se fait traîner par son chien!

Ce fut comme le mot d'ordre d'une manifestation pour les autres élèves qui coururent aussitôt au-devant du gros homme, et l'un d'eux, prenant la parole au nom de tous, s'écria :

— Monsieur! Monsieur! voulez-vous que nous vous traînions? nous mettrons votre chien dans la voiture à côté de vous; çà le reposera. Le chien, c'est l'ami de l'homme, ce n'est pas une bête de somme... Tiens, çà rime! c'est que l'idée est vraie. Monsieur! Monsieur! vous allez vous casser le cou.

La *grosse* charge ne tenait pas, j'imagine, à justifier cette prophétie; cependant les circonstances y aidèrent. Un mouvement du *gros* homme, pour transmettre à son chien, par l'organe de son bâton, le déplaisir causé par cette apostrophe, fit culbuter la voiture un peu plus tôt qu'elle n'aurait dû. L'homme en fut quitte pour quelques contusions, mais le pauvre chien eut les reins brisés. Jean de Namur et les enfants leur vinrent en aide. Quand le *gros* homme fut relevé et qu'il eut bu quelques gouttes d'une liqueur que le maître portait toujours dans sa poche, lorsqu'il se promenait au loin, celui-ci dit à la *grosse* charge :

— Il faut convenir, Monsieur, que c'est un bien absurde usage que celui d'atteler des chiens aux voitures. Il n'y a pour vous ni économie ni sûreté, et de plus c'est un acte cruel. Mais qu'un homme valide comme vous ajoute le poids de sa personne à la charge qu'une habitude tyrannique fait porter à celui qui est créé uniquement pour nous garder, c'est outre-passer ses pouvoirs et prouver, permettez-moi de vous le dire, un grand défaut de jugement.

LA GROSSE CHARGE. — Mais, Monsieur, j'aime mon chien, croyez-le bien, et j'avais tout intérêt à le ménager, car il m'a coûté 90 francs.

JEAN DE NAMUR. — Vous êtes donc bien inconséquent avec vous-même si, tenant à votre chien, vous vous exposez à le perdre ?

LA GROSSE CHARGE. — J'étais fatigué.

JEAN DE NAMUR. — Vous étiez fatigué, vous qui ne portiez rien, et vous pensiez que votre chien, qui porte déjà sa charge en traînant cette voiture, ne l'était pas ? O bon sens, aurais-tu déserté le cerveau de l'homme ?

La grosse charge. — Mon pauvre Turc, va, tu avais plus d'esprit que moi quand tu te raidissais pour pouvoir descendre la côte au pas.

Jean de Namur. — Il viendra peut-être un homme qui aura plus d'esprit que vous deux; ce sera celui qui interdira l'attelage des chiens.

Ayant dit, Jean de Namur continua sa route.

Le gros homme releva le corps brisé de son chien, le mit dans la voiture et cette fois l'homme la traîna.

Les promeneurs étaient silencieux en montant la côte. Etienne le premier rompit le silence.

— Monsieur, dit-il, l'homme a pourtant le droit d'exiger tous les services de l'animal qui lui appartient. Ce qu'il y avait de révoltant chez l'individu que nous quittons, c'est qu'il se faisait porter lui-même; mais si ce chien eût traîné une voiture de marchandises, c'eût été tout naturel.

Jean de Namur. — Tel est l'effet de l'habitude : les actes les plus ridicules, les plus barbares paraissent tout naturels quand ils sont passés dans les mœurs; l'usage fait loi. Tandis que les innovations sont jugées, discutées, combattues, les coutumes sont affranchies d'examen, on ne leur demande pas leur raison d'être. Aussi rien n'est-il plus lent que la marche du progrès. L'extinction d'une erreur est le pas d'un siècle.

L'homme, en s'appropriant l'animal, œuvre divine, doit mesurer le travail à ses forces; or, la force du chien variant à l'infini, il est difficile de fixer la charge qu'il peut porter, et alors mieux vaut s'abstenir de l'atteler aux voitures.

Joseph. — Alors, si le chien ne travaille pas, l'homme n'a aucun intérêt à le bien traiter?

Jean de Namur. — L'homme a intérêt à bien traiter le chien pour une foule de raisons : d'abord il garde et défend sa personne; il console son cœur quand tout lui manque et semble dire : « Moi, je ne t'abandonnerai pas. » A ces titres seuls l'homme lui doit soins et affection.

En outre, le chien se met encore au service de l'homme en toutes circonstances. Il garde ses troupeaux et les conduit. Il chasse pour son maître. Il le sauve de tous les dangers au péril de sa propre vie. Il se compte pour rien; son maître est tout pour lui. Il aime l'homme jusqu'à lui sacrifier l'amour de sa progéniture. Sa sympathie pour l'homme est si grande qu'il se met tout de suite à la hauteur des services qui demandent le plus de perspicacité et de prudence. Tel sont les chiens sauveteurs qui arrachent aux flammes et aux inondations une si grande quantité de personnes. Tels sont aussi les chiens du mont Saint-Bernard qui soustraient à une mort certaine de pauvres voyageurs égarés dans les neiges. En un mot, le chien n'est heureux que lorsqu'il peut se rendre utile à l'homme, et quand il n'a rien à faire pour lui, il se réjouit de sa joie et s'attriste de sa douleur.

La création du chien semble être un attendrissement du Créateur en faveur de l'homme isolé. Le voyant dans sa prescience, abandonné de ses amis, séparé de sa famille, accablé d'infirmités, il a fait le chien pour être l'œil de l'aveugle, le bras du paralytique, la consolation de l'affligé, l'ami de ceux qui n'ont plus d'amis.

Donc, lors même que l'homme n'aurait aucun intérêt pécuniaire à être bon envers le chien, il y aurait toujours un intérêt personnel et surtout un intérêt moral ; car l'homme se dégrade en ne respectant pas l'œuvre de Dieu, l'homme se dégrade en se livrant à ses emportements envers des créatures faibles ou sans défense, l'homme se dégrade en les faisant souffrir, et l'homme

2.

qui se dégrade perd infiniment aux yeux des autres hommes de la considération dont il jouissait.

ADRIEN. — C'est vrai; j'ai la plus mauvaise opinion de l'enfant qui se plaît à faire souffrir, fût-il le premier de sa classe, fût-il savant comme son maître, et riche comme Crésus, car cela prouve qu'il n'a pas de cœur, et c'est le cœur que je veux trouver dans un ami .

PHILIPPE. — Il paraît que nous pensons tous de même, car nous aimons tous Adrien, parce qu'il est bon et doux; il ne peut pas voir tuer un pigeon, mais aussi il ne peut pas voir pleurer ses camarades et il demande toujours leur grâce.

JEAN DE NAMUR. — Vous voyez bien, qu'à son insu, l'homme travaille pour lui en étant compatissant, puisqu'il se fait aimer de tous. Je vais vous raconter une histoire qui confirmera cette vérité.

Un garçon boucher travaillait pour un patron chez lequel l'usage d'atteler les chiens était en vigueur. Un jour que la charge de la voiture dépassait quatre fois les forces de l'attelage, le garçon en fit l'observation au patron; mais celui-ci répondit : « Bah! pour une fois, mes chiens n'en mourront pas. » Le garçon ne dit rien et se mit en route. Mais quand il fut à cinquante pas, il détacha les chiens et prit leur place.

Un monsieur qui passait voyant cette action, se dit : « Ce garçon-là est bon, il a du cœur, c'est l'homme qu'il me faut pour exploiter ma ferme-modèle; parlons-lui. »

La proposition transporta de joie le pauvre jeune homme qui avait un goût inné pour la vie agricole, mais qui, étant pauvre, ne pouvait rien entreprendre d'avantageux. Cette position en faisait un richard en comparaison de son humble emploi de garçon boucher. Il accepta et ce fut un coup de fortune pour lui, car l'homme de bien qui avait su deviner son cœur, lui abandonna la propriété de l'établissement qu'il avait su si parfaitement administrer. Mais ce qui l'honora bien plus dans cette position inespérée, ce fut la bonté et la compassion qui en étaient la cause.

Vous voyez, mes enfants, qu'au point de vue de l'intérêt pécuniaire comme au point de vue de la morale, l'homme gagne toujours à ménager les forces de l'animal qui le sert, et quand cet animal est un être aussi intelligent, aussi aimant que le chien, il y est contraint par la douce loi de la reconnaissance.

PAUL. — Monsieur, je reconnais qu'il faudrait être bien ennemi de soi-même pour abuser des forces de ce bon serviteur. J'en écrirai quelques mots à mon oncle qui est en Hollande, où l'on fait tant travailler les chiens. Mais là, du moins, on leur accorde un jour de repos par semaine.

JEAN DE NAMUR. — Ce repos est une des prescriptions de la Bible; il est étroitement lié à celui de l'homme, et l'Écriture sainte n'en fait qu'un seul et même commandement. Il y est dit :

Vous labourerez votre champ pendant six jours, et le septième vous suspendrez vos travaux, afin que votre bœuf et votre âne puissent se reposer.

Comme vous le voyez, cette loi du repos s'étend à tout ce qui travaille ; tous les animaux domestiques doivent y être compris.

HENRI. — Monsieur le maître, vous nous avez parlé des chiens sauveteurs et des chiens du mont Saint-Bernard, je serais bien heureux de connaître d'une manière détaillée les services que rendent ces chiens.

JEAN DE NAMUR. — Pour condescendre à votre désir, je vous citerai le chien Bill, célèbre en Angleterre par l'intelligence et le zèle qu'il déploie dans les incendies. Aussitôt qu'il en sent l'odeur, il accourt sur le lieu du sinistre, se met en quête des victimes et se jette dans les flammes pour les en retirer. Il a sauvé ainsi plus de quarante personnes.

Les habitants d'un quartier de Londres se sont réunis pour lui décerner une récompense bien méritée : on lui a solennellement mis au cou un collier d'honneur portant la mention de ses services.

Ce brave chien a eu de dignes émules dans un autre genre; je veux parler de ceux qui se jettent à l'eau pour sauver les hommes, les enfants et même leurs semblables. On a vu un chien retirer de l'eau un autre chien que des gamins avaient voulu noyer. Non-seulement il l'a sauvé, mais il est resté auprès de lui, montrant les dents à ceux qui voulaient en approcher.

D'autres chiens s'aperçoivent de la crue des eaux, dans les inondations, et vont en avertir leurs maîtres. C'est ainsi que, dans les inondations de Lyon, le débordement du Rhône avait été si rapide qu'on n'avait pu en avertir une famille habitant seule une maison isolée. Tout le monde dormait profondément dans cette maison, et l'eau qui montait toujours allait engloutir la demeure. Mais le chien veillait, il avait vu le danger, il comprit que sur lui reposait le salut de la famille. Il court dans la chambre de son maître, s'élance sur son lit, en arrache les couvertures avec ses dents, comme pour dire au dormeur de se lever en toute hâte. Le maître se lève, réunit sa famille. Il était temps; à peine avait-elle franchi le seuil que la maison s'écroula.

Le mont Saint-Bernard est le théâtre d'actes non moins admirables.

Cette montagne, l'une des plus hautes des Alpes, est toujours couverte de neige. Cependant elle est la seule route directe pour aller de la Suisse en Italie.

L'unique chemin qui la traverse, en serpentant, est environné de précipices d'une profondeur effrayante. Le voyageur chemine en tremblant au bord de ces abîmes, entre des pics aigus et des monceaux de roches écroulées. Mais quand ce chemin disparaît sous la neige qui tombe en abondance dans la saison d'hiver, la montagne entière devient un abîme où le voyageur n'ose plus poser le pied, sans craindre de disparaître dans des profondeurs inexplorables et invisibles. Alors il s'arrête terrifié;

il voit la mort derrière lui, la mort devant
lui, la solitude partout.

Découragé, il s'asseoit ; le froid l'engour-
dit, et le dernier sommeil alourdit ses pau-
pières. Puis la nuit vient, l'ouragan mugit
sur la crête des montagnes. C'est l'heure
des avalanches qui tombent comme un cou-
vercle de glace sur le voyageur engourdi ;
c'en est fait de lui. . . . .

. . . .

Mais que l'homme se rassure. Au sommet
de cette montagne, de bons religieux, anges
gardiens des voyageurs, ont établi un hospice pour leur donner secours et abri. A
cette heure de la nuit où l'homme n'espère
plus et se couche pour mourir, les portes
du monastère s'ouvrent et les chiens libéra-
teurs vont à la recherche du voyageur égaré.
Ils portent à leur cou une gourde remplie
d'eau-de-vie pour les réchauffer et un panier contenant des provisions pour leur
donner des forces. Ainsi munis, ils courent,
ils flairent, ils écoutent, et dès qu'ils aperçoivent un étranger, ils s'en approchent ;
celui-ci n'a qu'à étendre le bras pour prendre
les secours que le chien lui présente. Alors
le chien aboie avec force. Avertis par ce
signal, les religieux sortent de leur demeure
et, guidés par la voix de leur chien, ils ar-

rivent auprès du voyageur qu'ils emportent à l'hospice où il trouve un bon feu pour se réchauffer et un bon lit pour se reposer jusqu'au lendemain.

Gloire à l'homme qui devine les besoins de ses frères! Mais aussi reconnaissance au chien qui sait si bien s'associer à ses œuvres d'humanité!

Eugène. — C'est sans doute un chien du mont Saint-Bernard que représente une gravure qui est dans la chambre de mon grand-père. Seulement, en plus du panier et de la gourde, le chien porte un petit enfant sur son dos.

Jean de Namur. — Vous ne vous trompez pas, c'est un chien du mont Saint-Bernard. Il se nomme Barry ; il a sauvé la vie à quarante personnes en moins de douze ans. Mais le sauvetage du petit enfant l'a rendu célèbre et a inspiré le pinceau d'un peintre. Ici Barry l'emporte sur ses camarades par des soins particuliers, tout à fait de son invention. Trouvant un jeune enfant couché, engourdi sous la neige et incapable de boire à la gourde dont il était porteur, il l'avait réchauffé avec son haleine; puis, quand l'enfant avait ouvert les yeux, le bon chien lui avait fait tant de caresses qu'il l'avait déterminé à monter sur son dos, et

comprenant que l'aide des religieux était
inutile, il n'avait pas aboyé et il avait rapporté doucement l'enfant à l'hospice.

LES ENFANTS GATÉS ET CEUX QUI NE LE
SONT PAS

On était arrivé au sommet de la côte.
L'un des enfants avait ouvert la portière
pour remonter en voiture, mais Simon Pinacker leur dit :

— Halte là! mes petits Messieurs, il faut
que mon cheval fasse sa collation. Qui fatigue beaucoup doit manger souvent.

Jean de Namur. — C'est vrai. Aussi bien,
voici un site charmant que nous contemple-
rons en mangeant quelques fruits, assis sur
cette bruyère. C'est le repos pour tous.
Prenez place, mes amis, pendant que Pinacker va mettre le couvert.

Le couvert fut bientôt mis, comme on le
pense. Un panier de cerises et un pain furent
placés au centre des convives. Jean de
Namur donna une poignée de cerises et un
morceau de pain à chacun, et le silence se fit
pendant quelques minutes. — Le commen-

cement d'un repas est toujours grave. — Pendant qu'ils mangeaient, Pinacker attachait à la tête de son cheval le sac d'avoine, tout en cherchant des yeux quelque chose. Un *bon!* prononcé brièvement, indiqua qu'il avait découvert ce qu'il cherchait. En effet, quand son cheval eut mangé, on vit Pinacker, muni d'une grosse éponge, se diriger vers un petit ruisseau qui coulait en murmurant dans un pli de terrain; il plongea l'éponge dans cette eau fraîche et vint laver le naseau et la bouche de son cheval; puis il exprima l'eau contenue dans l'éponge sur le front de cette bonne bête.

— Cela évite les coups de soleil et les coups de sang, dit-il; cette pression d'éponge met 600 francs dans ma poche, et dans mon cœur elle met quelque chose qui vaut mieux encore.

ETIENNE. — Quoi donc?

PINACKER. — Le bonheur de conserver une bête que j'aime. Il y a des gens qui remplacent un cheval par un autre cheval, comme d'autres remplacent un ami par un autre ami; moi je ne remplace que mon habit quand il est usé; mais tout ce qui m'aime ou m'a aimé et qui meurt, laisse dans mon cœur un vide que je ne comble pas.

JÉROME. — Et vous êtes sûr que votre cheval vous aime ?

PINACKER. — Si j'en suis sûr ! Je douterais plutôt de la lumière du soleil que de l'affection de mon cheval ; et je vais vous prouver qu'il m'aime.

Une fois que j'étais malade, il s'était passé trois jours sans que je pusse voir ce bon animal. Ma femme qui le soignait me disait : « Coco est triste, Coco ne mange pas, » et je répondais : « Aussitôt que je serai mieux j'irai le consoler. » Mais Coco n'attendit pas ce moment. Un matin il entra dans ma chambre, qui est à côté de son écurie, et il me lécha la figure en hennissant. Ma femme, pensant que ma vue lui rendrait l'appétit, lui donna à manger, et cette fois il mangea.

Tant que dura ma maladie, il vint tous les jours me voir et ne consentit à manger qu'auprès de moi (1).

Puis-je douter qu'il m'aime ?

ETIENNE. — Non, ce que vous venez de dire est sans réplique, car moi, j'aime bien mon papa, et pourtant je ne perds pas l'ap-

______

(1) Ce fait est vrai. Le maître du cheval a été récompensé en 1864 par la société protectrice pour ses bons traitements envers cette bonne bête.

pétit quand il est malade. Votre cheval vaut
mieux que moi.

Pendant qu'Etienne disait cela, tous les
élèves s'étaient levés et ils étaient tous accourus embrasser le cheval de Pinacker.
Adrien lui donna ses cerises. Joseph et
Jérôme cueillirent des bruyères et en firent
deux bouquets qu'ils lui attachèrent au-
dessus des oreilles.

Jean de Namur riait de plaisir.

— Bravo ! dit-il. Tel est l'effet du bien sur
les bons cœurs ; il soulève des élans d'admiration spontanée qui font leur gloire et leur bonheur. Sentir le beau et le bien, c'est être
tout près de les imiter, et je suis sûr qu'E-
tienne se souviendra, quand son papa sera
malade, qu'il ne doit pas être insouciant et
gai, puisque les animaux sont tristes de voir
souffrir leurs maîtres.

Comme Jean de Namur parlait encore,
un homme passa traînant par une corde
une pauvre chèvre qui, ne pouvant pas
marcher aussi vite que son conducteur, était
tombée à plat ventre. L'homme sans pitié
la tirait, et la pauvre bête déchirait, aux
aspérités du sol, ses mamelles gonflées par
le lait.

— Oh ! le méchant homme ! s'écrièrent les enfants.

Mais Jean de Namur prit la parole et dit au conducteur :

— Pourquoi brutalisez-vous ainsi cette bête ?

LE CHÉVRIER. — Parce que je suis en retard.

JEAN DE NAMUR. — Il ne fallait pas vous y mettre.

LE CHÉVRIER. — Qu'importe ! le retard n'est pour rien dans son entêtement ; que je sois pressé ou non, elle ne veut jamais marcher ; il faut la traîner comme ça tous les jours.

JEAN DE NAMUR. — Et où la conduisez-vous donc tous les jours ?

LE CHÉVRIER. — Chez des bourgeois dont la fille est au lait de chèvre.

JEAN DE NAMUR. — Cette manière de voyager doit singulièrement échauffer son lait.

LE CHÉVRIER. — C'est bien pour cela que je suis si fort en colère aujourd'hui. Son lait a perdu tellement de ses qualités qu'on n'en veut plus prendre ; on m'en dit autant partout, et c'est une perte réelle pour moi.

JEAN DE NAMUR. — Vous ne recueillez que ce que vous avez semé. Mauvais traitements, mauvais services. Déperdition de forces, déperdition de lait. Comment voulez-vous qu'une bête surmenée comme la vôtre donne un lait abondant et sain? Le contraire devait arriver, il arrive; vous êtes le premier puni; ne vous plaignez pas, et surtout ne vous vengez pas sur cette bête de votre inintelligence dans la direction de vos intérêts. Comment! lorsqu'à Paris on transporte les bestiaux en voiture pour que leur viande ne s'échauffe pas et ne perde pas de son poids, vous traînez votre chèvre par le cou en l'écorchant aux pierres du chemin!

Le chévrier. — Mais, Monsieur, puisqu'elle ne veut pas marcher.

Jean de Namur. — Je gage qu'elle marche fort bien, menée par un de mes enfants.

Le chévrier. — Oh! je voudrais bien voir cela!

Jean de Namur. — Adrien, prends la corde de cette pauvre bête et conduis-la, sans que la corde soit seulement tendue.

Adrien n'avait pas encore saisi la corde que déjà la chèvre s'était mise en marche; elle trottait, de son petit pas léger, comme si la présence de la douceur eût été un charme pour elle.

Jean de Namur. — Voyez, chévrier, et faites de même. Allez, et si votre chèvre veut brouter quelques feuillages sur la route, ne l'en empêchez pas. Votre ruine n'est pas encore consommée, puisque votre chèvre existe encore. Allez, et rappelez-vous que votre prospérité est dans la douceur de vos mœurs.

Adrien lâcha la chèvre qui suivit docilement son maître.

Quand le chevrier se fut éloigné, Jean de Namur rassembla ses élèves et leur dit :

— Voyez, mes enfants, combien l'homme brutal se porte préjudice à lui-même. En voilà un qui maltraite une bête de peu de valeur, c'est vrai, mais qui rapporte plus qu'elle ne coûte ; eh bien, en se livrant à cet ignoble penchant de brutalité, il perd l'une après l'autre toutes ses pratiques. S'il raisonnait un tant soit peu, il se dirait : — Soignons bien cette bonne bête qui est notre gagne-pain, c'est notre intérêt ; soignons-la aussi par reconnaissance, c'est notre gloire. Marcher vite la fatigue, mettons-nous à son pas ; la verdure la tente, cueillons-en une poignée qu'elle mangera en route : tout en trottant, cela la stimulera à la marche et lui rendra la fatigue légère ; disons-lui quelques bonnes paroles : les animaux aiment la voix de l'homme quand elle est caressante. Avec un doux timbre de voix, l'homme obtient tout ce qu'il veut de ces créatures si pacifiques. Avec des paroles grossières et des jurements, il les rend rétives et les abrutit.

Il y a une vérité et un précepte d'une haute portée renfermés dans ces paroles de notre divin Sauveur :

Bienheureux ceux qui sont doux, parce qu'ils possèderont la terre.

En effet, ne possède-t-il pas la terre celui qui commande à toutes les créatures inférieures et qui s'en fait obéir rien que par l'influence de sa parole ? C'est là dominer véritablement, et c'est à cette douceur seule que toutes les créatures se rendent.

Parmi les hommes, la cruauté fait des martyrs, la crainte fait des esclaves, mais la douceur fait des amis et des serviteurs.

Il en est de même chez les animaux ; les meilleurs services s'obtiennent par la mansuétude. Tous les animaux utiles accourent vers l'homme pacifique. La douceur est une attraction.

Un doux bêlement interrompit l'exhortation du maître. Ses élèves crurent que la chèvre revenait avec le nourrisseur et s'écrièrent :

« La chèvre! la chèvre! » Tous se levèrent et coururent dans la direction de la voix.

Ils arrivèrent devant la grille d'un parc près de laquelle se passait une scène des plus gracieuses.

Trois jeunes filles, dont la plus âgée comptait à peine quatorze ans, étaient groupées autour d'une chèvre blanche, dont l'œil vif et l'air mutin disaient assez que nulle contrainte n'avait altéré en elle le caractère de sa race.

L'aînée des trois sœurs venait d'attacher un ruban bleu au cou de la chèvre. La seconde sœur présentait un miroir à la gentille bête, qui ne semblait nullement confuse de tant de soins et, peu coquette, détournait la tête du miroir pour se pencher vers une galette que lui offrait la toute petite sœur.

Ce fut une explosion d'applaudissements de la part des jeunes garçons qui s'écrièrent :

— Papa Jean, venez voir, venez voir!

Jean de Namur s'étant approché, sourit de satisfaction et dit :

— C'est ainsi que devraient être traités tous les membres de cette grande famille dont l'homme a rompu l'unité par son orgueil, son ignorance et sa cruauté. L'animal, créé pour vivre près de l'homme, devait participer aux joies de la famille; c'était justice, puisqu'il partage ses peines et ajoute à son bien-être. L'animal, créé pour compléter l'échelle des êtres, pour être comme nous un des anneaux de cette grande chaîne qui unit la terre au ciel, ne devait pas être expulsé de cette chaîne, ni mis en dehors des lois d'amour, de justice, de compassion, sans détruire l'équilibre de la nature, c'est-à-dire sans augmenter la charge et le malheur de l'homme. Mais ici tout est harmonie, je le vois, ici la chaîne n'est point brisée, et l'on peut descendre du Créateur à l'homme, de l'homme aux animaux auxiliaires, et des animaux auxiliaires aux plus infimes de la création sans trouver un mot effacé de cette Bible humaine.

L'aînée des jeunes filles fit un mouvement de tête accompagné d'un charmant sourire et dit, en passant son bras autour du cou de la chèvre :

— C'est vrai, c'est notre compagne, nous la considérons comme de la famille et elle en est, puisqu'elle me rend la santé par la vertu de son lait. Mes parents avaient fait venir d'abord du lait de chèvre du dehors; mais les nourrisseurs maltraitent tellement leurs bêtes dans ce pays que leur lait n'était plus bon et ne me valait rien. Nous avons tranché la difficulté en achetant cette chèvre qui, heureuse comme tout le monde l'est ici, me donne un lait excellent qui me guérit. Dans nos moments de loisir, nous jouons avec elle; elle comprend nos jeux et se prête à toutes nos fantaisies avec une gaieté pleine de grâce.

Jean de Namur. — Elle vous rend ce que vous lui donnez, ma belle enfant, c'est la grande loi des relations sociales qui s'étend des hommes aux animaux et des animaux aux végétaux; tous vivent les uns des autres et les uns par les autres; donc l'intérêt et le devoir de chacun est de donner le plus qu'il peut; et l'homme, qui est le chef de cette association, doit avoir le plus grand soin de tous ces ouvriers de second et de troisième ordre qui travaillent à son profit.

Ayant dit, le maître et les élèves saluèrent les trois jeunes sœurs qui leur firent une profonde révérence, et les jeunes garçons s'en allèrent pensifs, songeant sans doute que c'est chez les gens les mieux élevés qu'on trouve le plus de compassion et de soins délicats pour les êtres faibles.

SUR LA COLLINE

Tandis que tout ceci se passait, Pinacker avait attaché son cheval à un arbre ; il avait choisi le côté de l'ombre, afin qu'il pût mieux se reposer, et lui-même s'était couché sous un châtaignier où il dormait du sommeil des justes.

Jean de Namur fit signe aux enfants de ne pas l'éveiller.

— Respectez le repos de celui qui fatigue, dit-il ; nous qui avons suffisamment dormi, promenons-nous et causons.

— Monsieur, dit Philippe, regardez donc comme nos bouquets de bruyère donnent un air de fête au cheval de Pinacker.

JEAN DE NAMUR. — Oui, vous avez voulu honorer ses qualités et vous avez fait ce que beaucoup de gens font sans s'en rendre compte ; ils associent l'animal à leurs joies, à leurs plaisirs, à leurs triomphes, manifestation involontaire de la fraternité qui existe entre les êtres supérieurs et les êtres inférieurs. C'est ainsi qu'à Paris, le jour de Pâques fleuries, pas un cocher ne manque d'orner la tête de son cheval d'un rameau de buis bénit ; ils ne savent pas pourquoi ils le font, ils le font par coutume, mais cette coutume a une origine, et cette origine n'est autre chose que la communauté de plaisirs, de peines, d'intérêts et de gloire, établie dès le commencement du monde entre l'homme et ses bons serviteurs les animaux : loi écrite dans le cœur de tous ceux qui ne se sont pas abrutis, qui n'ont pas étouffé la voix de leur conscience.

Ainsi, on orne de panaches la tête des chevaux aux sacres des rois et on les revêt d'un manteau de deuil aux enterrements des grands.

Ceci me rappelle qu'en 1840, lorsque le corps de Napoléon I⁕ fut transporté de Sainte-Hélène à Paris, on lui fit des funérailles magnifiques. Le corps du héros fut placé dans un char funèbre d'une richesse incomparable et conduit à l'hôtel des Invalides où est aujourd'hui son tombeau. Un cortége brillant le suivait, mais ce qu'il y avait de plus touchant dans le cortége du premier Empereur, c'était de voir son cheval de bataille qui l'avait porté au-devant de la gloire, qui avait partagé ses dangers, qui avait entendu les hourras de la victoire, c'était de le voir suivre, attristé et vieilli, celui qu'il avait porté dans le temps de ses triomphes. Se rappelait-il sa brillante

épopée ? Savait-il qu'il marchait à la suite
de son illustre maître ? Je l'ignore. Mais
on l'avait associé à cette tristesse imposante
par le signe du plus grand deuil. Un crêpe
funéraire le couvrait entièrement. Et la
foule émue pensait au grand homme en regardant le char, et à ses conquêtes en regardant son cheval de bataille. Entre le
cheval et le héros, il y avait eu communauté de gloire; entre le cheval et le peuple,
il y avait communauté de deuil.

Et puisque je vous parle de communauté
de gloire, pourquoi ne citerai-je pas un
chien qu'un bataillon entier à associé à ses
triomphes et même a ses récompenses ? —
car ce brave chien a gagné ses galons; on
lui a octroyé le grade de caporal.

Palomo — c'est son nom — fut vendu,
pour un pain, à un soldat des chasseurs de
Baza qui partagea avec lui sa soupe. Palomo se montre reconnaissant envers tout
le bataillon. On était alors à Barcelone.
Un jour, le bataillon reçut l'ordre de s'em-
barquer pour Algésiras. Palomo dut rester
à terre, les chiens n'étant pas admis à bord.
Cependant il arriva à Algésiras, soit en suivant un voyageur qui montait sur un vais-
seau en partance, soit de toute autre manière

Palomo n'a rien révélé de ce secret. — Le bataillon quitta de nouveau Algésiras et partit pour l'Afrique. Palomo fut encore abandonné et trouva encore une fois le moyen de rejoindre son maître. Là, il prit part à toutes les batailles de l'armée, même à la prise de Tétouan, où il reçut une balle qui le rendit boiteux pour le reste de ses jours. Pendant l'ovation faite aux troupes lors de leur rentrée à Madrid, Palomo marchait modestement à la tête du bataillon; il était couvert de fleurs et de lauriers. On l'a nommé caporal honoraire et il portait les galons de ce grade.

Si cette histoire fait honneur à Palomo, elle est également à la louange du bataillon et du chef qui l'ont associé à leur gloire et à l'ovation de leurs concitoyens.

Adrien. — Oh! que j'aurais voulu être là; j'aurais crié : « Vive Palomo! »

Maxime. — Et moi, je lui aurais jeté les couronnes que j'ai obtenues cette année à la distribution des prix, par moins de peines et de fatigues que Palomo n'en a eu en une journée.

Jérôme. — Monsieur, vous disiez tout à l'heure aux trois jeunes filles que nous quittons, que l'homme, les animaux et les végétaux se donnent réciproquement quelque chose; je n'ai pas bien compris cela, voudriez-vous me l'expliquer.

Jean de Namur. — Volontiers, mon enfant.

L'homme donne aux animaux domestique la nourriture, les soins, l'affection. En retour, ces animaux lui donnent leurs services, leur parure et même leur vie. Ils lui donnent leurs services pour lui aider, leur parure pour le vêtir, puisque l'homme se couvre de leurs toisons et se pare de leurs plumes; il lui donnent leur vie, puisque l'homme se nourrit de leur chair. Or, si vous mettiez en balance le donné et le reçu, vous verriez que l'homme est le débiteur de l'animal, car il en reçoit plus qu'il ne lui donne.

Voyons maintenant ce que les animaux donnent aux végétaux et ce que les végétaux donnent aux animaux.

Les animaux domestiques donnent aux végétaux l'engrais qui les nourrit et, sous la direction de l'homme, ils leur donnent encore la culture qui hâte leur développement. A leur tour, les végétaux nourrissent les animaux.

D'autre part, les oiseaux échenillent les

arbres, et les arbres leur donnent leur feuil-
lage pour abriter leur nid.

La fleur donne son miel à l'abeille, et l'a-
beille, en retour, lui rend un immense service; elle se charge de lui apporter la poussière fécondante, le pollen, qui doit la faire
revivre dans de nouvelles fleurs.

Les éléments eux-mêmes, l'air et l'eau,
s'associent au travail universel et rendent
d'immenses services aux végétaux : l'air
transporte au loin les graines que Dieu a
munies de duvet dans ce but; ainsi trans-
portées, elles tombent dans un terrain plus
spacieux où elles prennent racine et vie.

Les fleuves tansportent sur des rives loin-
taines les graines tombées des arbres et flot-
tant sur leurs ondes, et ce qui semblait
perdu ne tarde pas à parer de ses fleurs
des rivages jusqu'alors privés de végétation.

J'ai dit que les végétaux rendent service
aux animaux et ceux-ci réciproquement;
mais ils donnent aussi à l'homme plus qu'ils
n'en reçoivent. Dans un cas seulement il y
a égalité de service, c'est dans la transmis-
sion et l'échange de l'air vital.

Ainsi, mes enfants, en ce moment où nous
nous promenons sous ces arbres, savez-vous
quel phénomène s'opère?

Eh bien, ces arbres vous envoient l'oxygène, c'est-à-dire le bon air, l'air qui est nécessaire à votre santé ; et vous, vous leur envoyez l'acide carbonique, c'est-à-dire l'air qui vous est nuisible et qui leur est utile.

Admirable harmonie que cet échange perpétuel de dons et de services!

ADRIEN. — Monsieur, je ne me doutais pas que les arbres fussent si bons à l'humanité. Je suis bien tenté d'aimer les arbres, puisqu'ils me font du bien.

JEAN DE NAMUR. — Aimez-les, mes enfants, et aimez Dieu qui les a créés pour vous et non pour eux. Vous le voyez, nous dépendons tous les uns des autres; vous ne pouvez faire un pas dans la nature sans y rencontrer un bienfait de Dieu. Et pourtant l'homme, ce grand destructeur, tend à faire de la terre une lande, en détruisant les bois qui appelaient les orages et servaient de digues aux inondations; partout où il trouve l'harmonie, il apporte la dissonance. . . . . .
. . . .

Le maître s'interrompit.

En ce moment un jeune pinson s'était abattu à terre et sautillait devant la troupe attentive. Philippe l'ayant aperçu, avait ramassé une pierre et la lui avait jetée. Jean de Namur, indigné, s'était arrêté court.

Il prit un air sévère, et, s'adressant à l'enfant :

— Quand je vous disais que partout où l'homme trouve l'harmonie, il apporte la dissonance.

Voilà bien l'homme sauvage, l'homme barbare que le bien courrouce et que le beau révolte. Ceux qui brisent les images, renversent les autels et jettent des pierres aux faibles sont de même race.

L'âge n'est point une excuse ; l'enfant agit selon son cœur. Malheur au méchant ! Attila en herbe, il sera un jour le fléau de Dieu et la terreur des hommes.

Philippe. — Oh ! Monsieur, pardonnez-moi. J'ai cédé à une ancienne habitude, sans raisonner, sans réfléchir ; avant vous, personne ne m'avait fait comprendre la portée de cette action, dont tous les méchants enfants se font un jeu, c'est vrai ; mais moi, j'ai été entraîné par l'exemple, et, avant que je connusse d'autres enfants, il ne me serait pas venu à l'idée de jeter des pierres, même à un arbre ; j'ai la tête légère, mais j'ai le cœur bon, vrai, Monsieur.

Jean de Namur. — Je veux vous croire, je vous pardonne. Mais souvenez-vous que la douceur, qui est la puissance morale de l'homme, exclut même la brusquerie des mouvements. Jésus-Christ, notre divin modèle, était d'une douceur extrême; il n'aurait pas foulé aux pieds un roseau brisé. Il aimait les êtres faibles, il disait : *Laissez venir à moi les petits enfants*. Vous, Philippe, laissez venir à vous les plus petites créatures de Dieu ; laissez venir à vous tout ce qui est faible, tout ce qui est souffrant.

Et remarquez ceci : toutes les fois que le Saint-Esprit s'est manifesté aux hommes, il a pris la forme d'une colombe, emblème de douceur, parce que l'Esprit de Dieu est doux, et quand vous dites, dans le *Pater* : *Que votre règne arrive*, vous demandez sans doute que Dieu soit honoré par toute la terre, mais vous appelez aussi le règne de la justice et de la douceur.

LE NID DE FAUVETTE

Jean de Namur et ses élèves étaient arrivés à l'entrée d'un bois dont la fraîcheur invitait les promeneurs à pénétrer sous ses ombrages.

Le maître dit aux enfants :

—Je vous permets d'entrer dans ce bois et

d'y cueillir des violettes, et même des noisettes, si vous en trouvez.

A ces mots, la bande joyeuse s'élança
sous les arbres comme une troupe de grives
effrayées par les coups de feu des chasseurs.

La modeste violette cacha vainement sa co-
rolle sous ses feuilles ; trahie par son parfum,
elle fut découverte et passa de sa solitude
à la boutonnière de chaque enfant qui en
jouit chacun selon sa manière de voir et de
sentir : l'un comme d'un parfum, l'autre
comme d'une conquête ; celui-ci comme
d'une parure, celui-là comme d'un emblème ;
ce dernier était le plus délicat de sentiment.
Il la regarda longtemps avant d'en orner son
habit, et on l'entendit qui lui disait :

— Petite fleur, je t'aime, parce que tu
es douce et humble ; tu vis cachée, comme
pour échapper à la reconnaissance, mais
tout le monde te trouve, parce que tu em-
baumes nos bois pour obéir à la loi de
Dieu qui t'a créée pour parfumer et pour
guérir ; et de toutes les fleurs, la plus petite
et la moins éclatante, tu es la seule qui
parle tout de suite au cœur et lui dise : *Hu-
milité*. Et puis, ceux qui souffrent de la poitrine disent : « Allons cueillir la fleur de
douceur. » Et ta vertu les calme. Ainsi tu

vis et tu meurs pour nous. Oh! petite fleur,
sois mon modèle!

L'enfant qui parlait ainsi était bien l'é-
mule de cette charmante fleur; c'était Adrien.
Il aspira le parfum de la violette et la passa
à la boutonnière de son habit.

On chercha ensuite des noisettes et on en
mit dans sa poche par prévoyance.

Puis, deux chênes séculaires, placés en
face l'un de l'autre et dont les branches
convergeaient dans la même direction,
comme pour s'unir, donnèrent aux enfants
l'idée d'y fixer une balançoire; il ne manquait qu'une chose fort importante : c'était
une corde. Une corde n'est pas chose qui
abonde dans les bois, et si l'on y en trouvait
une, on frémirait, pensant que c'est peut-être
une corde de pendu, et on la repousserait
du pied, à moins qu'on ne cédât à la ten-
tation d'en mettre un morceau dans sa
poche.

Donc les enfants étaient fort embarrassés,
lorsque l'un d'eux, Sylvain, proposa de faire
une corde de tous les mouchoirs réunis.
Chacun applaudit à cette idée lumineuse et
livra son mouchoir. Les douze mouchoirs,
noués au bout les uns des autres et tordus
en corde, furent attachés aux branches, et

tout le monde put sa balancer à tour de rôle.

Mais un épisode vint interrompre ces joyeux ébats.

Deux voix, montées sur le ton de la querelle, se firent entendre, et l'on vit bientôt apparaître deux petits paysans se menaçant du poing et s'injuriant. L'un disait :

— C'est moi qui l'ai aperçu le premier, ainsi il est bien à moi.

L'autre répondait :

— C'est moi qui suis monté dans l'arbre pour le prendre ; j'ai eu un peu plus de peine que toi, mon garçon, et, de plus, j'ai déchiré mon pantalon, ainsi le nid m'appartient, et si tu me chicanes encore je vais te prouver mon droit à coups de poing.

Cette démonstration, plus brutale que logique, était peu goûtée du plus jeune des deux petits paysans qui se mit à pleurer, en faisant des gestes expressifs d'une colère inassouvie.

A l'aspect de ces deux petits boxeurs (je devrais dire de ces deux petits voleurs), Jean de Namur et ses élèves s'étaient avancés et ils avaient aperçu, dans les mains de l'aîné, un nid de quatre fauvettes sans plumes, appelant leur mère et implorant pitié.

— Oh! les pauvres petits! s'écrièrent les

élèves, que vont-ils devenir sans leurs parents ?

Alors le jeune paysan qui tenait le nid se tourna vers Jean de Namur et lui dit :

— Monsieur, auquel de nous deux appartient le nid ? je vous en fais juge : c'est Louis qui l'a vu, c'est moi qui l'ai pris.

Jean de Namur d'un ton sévère répondit :

— Le nid appartient à vous deux, comme la punition est due à vous deux. En matière criminelle, le complice ne vaut pas mieux que l'assassin. Mais, comme vous êtes le plus âgé, c'est vous qui êtes le plus coupable, et je vais vous conduire au garde champêtre, qui dressera procès-verbal et vous fera payer une amende de 50 francs; c'est ce que coûte un nid d'oiseaux, mon petit ami.

Le jeune paysan. — Ah! Monsieur, vous voulez rire.

Jean de Namur. — Je ne ris jamais, quand je rappelle au devoir, et pour preuve, voici la loi; lisez.

Jean de Namur tira de sa poche la loi édictée pour la conservation des oiseaux et la présenta au jeune paysan.

D'arrogant qu'il était, il devint craintif.

Louis, le plus petit paysan, se mit à pleurer et conjura Jean de Namur de ne pas parler de lui au garde champêtre.

Jean de Namur dit :

— Malheureux enfant, cœur dénaturé, n'avez-vous donc aucune souvenance de la tendresse de votre mère ? Vous ne vous rappelez donc pas avec quelle sollicitude elle veillait, penchée sur votre berceau, épiant vos désirs, vos besoins, vos larmes et vos sourires. Tout l'or de la terre ne valait pas pour elle ce berceau et le trésor qu'il renfermait. Eh bien, si dans ces doux moments d'extase, si dans cette amoureuse expansion de tendresse, elle s'était vu arracher son enfant, quel eût été son désespoir, quel eût été le déchirement de son cœur? demanmandez-lui ce qu'elle aurait ressenti. Ah ! elle serait morte de chagrin. Eh bien, mon enfant, cet amour qui vous a veillé, défendu, protégé, rendu heureux, Dieu l'a placé dans le cœur de toutes les mères; dans celui de la fauvette, comme dans celui de la femme; le sentiment de la maternité est le même dans tout être vivant; c'est la fusion d'une vie en une autre vie; c'est la plus grande félicité que Dieu ait donnée à ses créatures.

Un nid, c'est donc l'image de la félicité humaine.

Un nid, c'est un chef-d'œuvre de tendresse.

Un nid, c'est la loi divine écrite entre ciel et terre.

Un nid, c'est la foi, l'espérance et l'amour.

Un nid, c'est une harmonie.

Et vous rompez cette harmonie.

Et vous trompez cette foi.

Et vous détruisez cette espérance.

Et vous déchirez cette loi divine.

Et vous brisez ce chef-d'œuvre.

Et vous effacez cette image de félicité.

Voyez combien vous êtes coupable.

Le plus jeune des deux paraissait ému. Il dit à Jean de Namur :

— Monsieur, je crois bien que vous dites vrai, en disant que les mères meurent de chagrin quand on leur enlève leurs enfants : je me rappelle qu'étant tout petit, je me suis perdu une fois, et quand on m'a ramené à ma mère, elle était presque folle. Mais ma présence lui a rendu la raison.

JEAN DE NAMUR. — Que ce souvenir vous empêche de faire une pareille douleur aux mères des petits oiseaux.

LE PETIT PAYSAN. — Oh! oui, monsieur, si je m'étais souvenu de cela en voyant ce nid, je ne l'aurais pas montré à Nicolas. Et puis, monsieur, il y a encore quelque chose dont je me souviens et dont vous n'avez pas parlé, c'est de la douleur des enfants qui ne voient plus leurs parents. La mienne était bien grande, allez ! Je n'oublierai jamais ce que j'ai ressenti quand je me suis vu à la merci des étrangers ; je comprenais fort bien qu'ils ne m'aimeraient jamais comme mes parents et il me semblait que j'étais seul sur la terre.

JEAN DE NAMUR. — Je vous félicite, mon enfant, de votre intelligence précoce, elle dénote chez vous un excellent jugement qui vous préservera à l'avenir du délit dont vous venez d'être le complice. Je souhaite que Nicolas sente et pense comme vous.

Nicolas moins sensé et plus raisonneur, restait froid ; il crut faire le malin, en hasardant une observation qui ne prouvait que son ignorance.

— Monsieur, dit-il, il paraît que vous cultivez les oiseaux, mais nous, nous cultivons la terre, et nous ne voulons pas que nos récoltes soient dévorées par ces petits pillards.

JEAN DE NAMUR. — Pauvre ignorant ! vous mériteriez qu'on vous laissât, vous et vos semblables, faire vos désastreuses expériences, jusqu'à ce qu'ayant détruit tous les oiseaux, vos campagnes ne fussent plus que des landes. Mais je suis humain et chrétien, je vous dois la vérité, la voici :

Les oiseaux sont aussi nécessaires à l'abondance de vos récoltes que l'air est nécessaire à votre vie. Pas d'oiseaux, pas de vin, pas de céréales, pas de fruits.

Mais il y aura autant d'hectolitres de grains dans votre grenier qu'il y a de nids d'oiseaux dans votre champ. Ceci n'est pas une sentence, c'est une assertion mathématiquement prouvée par de savants agriculteurs.

NICOLAS. — Si c'est vrai, ce que vous dites-là, pourquoi donc que les moineaux viennent manger le grain jusque dans nos greniers?

JEAN DE NAMUR. — N'accusez pas les moineaux des méfaits du charençon ou de votre négligence. Les moineaux, comme tous les oiseaux, sont vos amis. Un nid de moineaux consomme, pendant ses quinze jours de couvée, six mille larves ou insectes qui représentent six mille grains sauvés du désastre. Ils ramassent aussi dans vos champs la semence des mauvaises herbes qui croissent avec les moissons.

NICOLAS. — Ils mangent bien aussi le grain ensemencé.

JEAN DE NAMUR. — Le grain ensemencé,

jamais. Mais les grains que la herse n'a pas recouverts et qui eussent péri aux premières gelées, c'est possible. De toute façon, ce grain eût été perdu. D'ailleurs, pourquoi tant de parcimonie envers des oiseaux qui ont travaillé tout l'été pour vous, en dévorant les insectes à grosses carapaces qui eussent détruit vos récoltes? pourquoi surtout dénicher ces charmantes fauvettes qui protègent vos vergers en compagnie du rossignol, du bouvreuil, du pinçon, du roitelet, du rouge-gorge et qui vous délivrent d'un millier d'insectes? Vous ne suffiriez pas, vous et une armée d'ouvriers, à purger la terre et l'air des insectes nuisibles qui seraient votre ruine et dont ces petits chanteurs vous délivrent si gratuitement.

NICOLAS. — Eh bien, monsieur, puisque vous m'assurez cela, je ne dénicherai plus d'oiseaux, car je veux que mes parents fassent de bonnes récoltes.

JEAN DE NAMUR. — Sur votre promesse je vous fais grâce de la punition que vous mériteriez, mais à une condition pourtant; c'est que le nid sera replacé dans l'arbre où vous l'avez pris, et je charge de ce soin votre petit ami qui semble si bien comprendre les joies et les deuils de la famille.

4.

On courut à l'arbre et le nid fut replacé sur la branche.

Inutile de dire que la mère y revint aussitôt. Tant qu'avait duré l'entretien, elle n'avait cessé de voltiger autour des petits dénicheurs, leur demandant ses enfants par de petits cris.

Que d'heureux fait l'intervention d'un homme de bien !

Que de bonnes pensées jaillissent du cœur au souvenir d'une mère !

Toutes ces choses avaient donné à Pinacker le temps de dormir et même de s'éveiller. Quand les enfants et leur maître revinrent, le bon cocher était debout, causant avec Coco qu'il embrassait à chaque pose de son discours, par manière de ponctuation.

Les enfants montèrent dans la voiture, Pinacker monta sur son siége et personne ne dit : « fouette cocher, » ce qui eut été une mauvaise plaisanterie, Pinacker ne se servant pas de son fouet. Néanmoins, Coco partit d'un trait.

LES PETITS SERVITEURS SANS GAGES

Cependant le chapître des oiseaux inté-
ressait trop vivement les élèves de Jean de
Namur pour qu'ils renonçassent à en entendre parler. Depuis quelques minutes ils se
poussaient mutuellement, se disant tout
bas : « demande donc à papa Jean qu'il
nous parle des oiseaux. » Ces paroles avaient
passé de bouche en bouche, comme une
phrase des petits jeux innocents, lorsqu'elles
arrivèrent aux oreilles d'Adrien qui, seul,
osa prendre la parole pour émettre le vœu
de tous.

— Monsieur, dit-il, ce que nous venons
de voir d'une famille de fauvettes nous
donne le désir de connaître les autres oiseaux et leur utilité, seriez-vous assez bon
pour nous en dire quelques mots ?

Jean de Namur. — Vous allez au-devant
de mes vœux, mon enfant ; moi-même
j'étais encore tout absorbé par le souvenir
de cette pauvre fauvette qui poursuivait
les ravisseurs de ses enfants ; je l'étais aussi
par la pensée de faire comprendre à tous
la nécessité de conserver, de protéger des
auxiliaires si précieux pour l'agriculture.

JÉRÔME. — Monsieur, les oiseaux étant si utiles, je m'étonne qu'on ne les ait pas toujours protégés.

JEAN DE NAMUR. — On les a toujours protégés chez les peuples éclairés, croyez-le bien. La protection des oiseaux remonte à la plus haute antiquité.

Moïse promet la fécondité et la longévité à ceux qui respecteront et assisteront les oiseaux dans les bons offices qu'ils rendent à l'agriculture.

Les Grecs, les Romains et les Égyptiens déclaraient sacrilége celui qui tuait un oiseau ou qui détruisait son nid.

Les moralistes, les philosophes et les naturalistes anciens, tels que Pline et le bon Plutarque, déclarent ennemis des hommes ceux qui persécutent les oiseaux. Voilà le sentiment des hommes de génie et des peuples civilisés.

Mais des races barbares, inspirées par la haine pour tout ce qui était beau et utile, sont venues dévaster l'Europe et transmettre leur haine et leur cruauté aux nations conquises. Dès lors, l'aversion pour les oiseaux et notamment pour le moineau et la cigogne, s'est propagée de race en race; on a proscrit ces travailleurs utiles, et la végétation a disparu des contrées fertiles où ces idées de destruction avaient pénétré. Telles sont la Syrie, la Mésopotamie, la Perse, l'Arabie heureuse d'où la végétation, jadis splendide, a complètement disparu depuis l'extermination du moineau.

De même le midi de la France, en détruisant les petits oiseaux de passage, voit décroître chaque jour les productions de son sol.

HENRI. — Monsieur, j'ai lu quelque part que les oiseaux étaient adorés autrefois en Égypte.

JEAN DE NAMUR. — Les Egyptiens, qui étaient si avancés dans les sciences, avaient compris que, pour mieux protéger les oiseaux, dont les services étaient si nécessaires à l'agriculture, ils devaient les rendre vénérables en les élevant aux honneurs de la divinité. L'ibis, l'hirondelle, l'épervier étaient des oiseaux divins ; les honneurs qu'on leur rendait étaient une idolâtrie inexcusable mais qui partait d'un sentiment de reconnaissance bien motivé ; sans ces oiseaux l'Egypte eût été inhabitable ; elle eût été envahie par les insectes et les reptiles qui pullulaient après les inondations du Nil.

Nous avons aussi des insectes qui sont le fléau de l'agriculture et qui menacent in-

cessamment nos récoltes. Il est temps d'é-
couter la voix de Moïse et de renoncer à
cette extermination déplorable des oiseaux,
si nous ne voulons pas que la maladie
atteigne partout nos plantes, nos vignes,
nos céréales, nos légumes. Toutes les classes
intelligentes de la société commencent à
élever la voix pour demander la protection
des oiseaux pour cause d'utilité publique ;
eux seuls peuvent nous sauver de la disette,
de la famine.

Paul. — Ainsi, Monsieur, tous les
oiseaux se nourrissent d'insectes ?

Jean de Namur. — La plupart des oiseaux
sont insectivores, mais ceux qui ne mangent
pas d'insectes ont aussi leur utilité, car
les oiseaux ont reçu la mission de servir
l'homme, chacun à sa manière.

Parmi les insectivores, les uns épurent
les terres labourées des vers blancs et des
vers de terre que la charrue met à découvert; ce sont : les corbeaux, les cailles, les
perdrix, les moineaux.

Les autres nettoyent les arbres fruitiers
des chenilles et des colimaçons qui rongent
les fleurs, appelées à devenir fruits, et les
feuilles destinées à donner de l'ombrage.
Ce sont les merles, qui mangent les colimaçons, les limaces, les chenilles; les mésanges

qui détruisent par milliers les insectes nuisibles ; l'étourneau qui mange les sauterelles ; le coucou qui se nourrit de chenilles velues.

Il y a des oiseaux spécialement préposés à la garde des moissons ; ce sont les
alouettes qui s'attaquent aux vers, aux gril-
lons, aux œufs de fourmis, aux sauterelles.
Ces immenses services ne les font pas épargner par les chasseurs.

Il y a encore des oiseaux préposés à la
garde des vignes ; ce sont : le rossignol qui
s'attaque aux scolytes, aux larves de cos-
sus, aux œufs de fourmis ; le pinçon qui
s'attaque aux ophydes ; l'hirondelle qui
nettoie la vigne des pyrales et des charençons et le traquet, qui rend les mêmes
services.

D'autres ont la garde des potagers, ce
sont les coucous et les corneilles.

Il y en a qui sont conservateurs des forêts,
haut emploi, auquel nous devons la fraîcheur en été, le chauffage en hiver, l'assai-
nissement de l'air, et même le bois de cons-
truction avec lequel on bâtit les maisons.
Ces conservateurs des forêts sont les piverts.

Jérôme. — Oh ! la singulière chose ! on
m'a dit que les piverts détruisent les arbres.

Jean de Namur. — On vous a dit cela,

parce que l'homme juge toujours d'après les apparences, sans examiner si ses yeux ne le trompent pas. Les observateurs qui travaillent dans l'intérêt de la science et du progrès sont moins légers; ils approfondissent toute chose et, en approfondissant, ils découvrent la vérité. La vérité est que le pivert donne des coups de bec dans l'écorce des arbres pour les sonder et savoir où se trouve l'insecte qui leur ronge le cœur, et quand l'insecte est découvert, par ce moyen de percussion, l'oiseau perce l'écorce pour manger l'insecte nommé bostriche qui réduirait l'arbre en poussière.

JOSEPH. — Il y a aussi d'autres oiseaux qui montent aux arbres en les becquetant, que font-ils donc ?

JEAN DE NAMUR. — Tous ces oiseaux sont de l'ordre des grimpereaux auxquels Dieu a ordonné de faire la toilette des arbres pour en éviter la peine à l'homme.

Dieu a créé d'autres oiseaux pour remplir le même office auprès des animaux; c'est-à-dire pour les débarrasser des tiquets (ou vermine) qui les dévorent. Tels sont : la bergeronnette pour les moutons, le héron-garde-bœuf qui défend des mouches et du tiquet l'espèce bovine, et le bouvreuil qui rend les mêmes services.

Il y a encore des oiseaux qui gardent vos provisions de grains dans vos greniers; ce sont les bergeronnettes dont une seule suffit pour purger de charençons un grenier de blé.

Presque tous épurent l'air en le débarrassant des insectes invisibles dont l'agglomération pourrait causer des épidémies. L'hirondelle surtout, ce charmant oiseau qui n'a pas lui-même trouvé grâce devant les partisans de la destruction, en consomme une quantité prodigieuse. La fauvette aussi chasse dans l'air les mouches, les petits scarabées et les pucerons. Le rouge-queue peut prendre six cents mouches en une heure. Le traquet attrape au vol les mouches et les scarabées.

Des insectes plus gros et tout aussi nuisibles, tels que les mouches à viandes, sont avalés par les oiseaux, qui nous préservent ainsi de ces piqûres mortelles connues sous le nom de charbon. Les hannetons, cette plaie de l'agriculture, sont dévorés par les moineaux.

Les oiseaux carnivores rendent également de grands services en purgeant la terre des mulots, des loirs et des campagnols; ce sont : le hibou, la chouette et l'effraie. Le hibou nous délivre aussi des insectes nocturnes.

Il y a des contrées, dans les déserts, où les oiseaux rendent à l'homme les mêmes services que le chien pour la garde des bestiaux. Ainsi le jacana et l'agamie gardent les troupeaux, les conduisant aux pâturages et les ramènent le soir à grands coups de bec.

Dieu, dans sa bonté, a créé également des oiseaux pour protéger l'homme dans ses excursions maritimes. Ainsi, par leurs cris lugubres, les mouettes et les plongeons, retirés sur leurs rochers, avertissent les matelots de l'approche de la tempête. Les vanneaux veillent à la conservation des vaisseaux qu'il délivrent du taret, leur rongeur. Le paille-en-queue, annonce aux marins leur arrivée entre les tropiques.

Vous le voyez, sans les oiseaux, l'homme ne pourrait ni vivre, ni récolter.

Sans les oiseaux, les arbres, les champs, les prairies tomberaient en poussière.

Laissez donc subsister tous les nids.

Quand vous verrez un nid dans un arbre ou dans un buisson, gardez-vous d'y porter une main sacrilége, mais dites-vous :

Ce nid est une poignée d'or que la main de Dieu a laissé tomber sur nos terres; si je le détruisais, je changerais cet or en vermine.

Quand vous verrez un nid, dites-vous encore :

Dans ce nid est caché l'amour d'une mère. Admirons et respectons.

Dans ce nid éclosent ou grandissent les protecteurs de notre bien. Rendons grâces à Dieu qui les fait naître, et protégeons nousmêmes d'avance ces bons petits ouvriers qui travaillent pour nous gratuitement.

Et quand vos celliers seront pleins, quand vos greniers renfermeront vos richesses, quand la neige couvrira la terre, quand ces petits chanteurs qui n'émigrent pas, afin de consoler l'homme des tristesses de l'hiver, quand ces petits chanteurs ne trouveront plus une mouche pour sustenter leur vie, ah ! ne soyez pas ingrats, n'oubliez pas les services qu'il vous ont rendus ; émiettez sur votre chemin un peu de ce pain qu'ils ont préservé de la voracité des insectes, et Dieu bénira vos travaux, parce que vous n'aurez pas troublé l'harmonie de la nature ; et la joie inondera votre cœur, parce que vous aurez été bons et reconnaissants.

ADRIEN. — Et nous, n'aurons-nous pas le sort de cet homme dont vous m'avez raconté l'histoire, un jour que je vous montrais une cerise que les oiseaux avaient becquetée.

Jean de Namur. — Je vous félicite de vous rappeler cette histoire ; cela prouve que vous n'imiterez pas celui qui en est le héros.

Adrien. — Je m'en garderai bien.

Tous les élèves. — L'histoire ! l'histoire ! Monsieur le maître, nous demandons l'histoire, voulez-vous nous la dire ? nous ne la connaissons pas.

Jean de Namur. — La voici en peu de mots ; faites, en votre profit.

UN HOMME QUI VEUT CORRIGER L'ŒUVRE DE DIEU

Un homme riche acheta une terre d'un excellent rapport.

Rien n'était plus beau que de voir ce domaine quand il en prit possession ; c'était l'image de l'abondance.

Les arbres pliaient sous le poids des fruits.

Les champs étaient couverts d'épis gonflés de grains.

Les prairies étaient vertes et fleuries.

L'homme riche se réjouit et s'installa dans cette belle propriété.

Quand les cerises furent mûres, on lui en servit sur sa table. Elles étaient exquises et belles à voir. Seulement, il en trouva deux qui étaient percées à peu de profondeur.

Il fit venir son jardinier, et lui montrant ces deux cerises, il lui dit : qu'est-ce que cela ?

— Monsieur, dit le jardinier, c'est un coup de bec des moineaux, qui ont voulu se convaincre par eux-mêmes qu'ils avaient bien travaillé à la maturité de vos cerises, en dévorant les hannetons.

— C'est fort désagréable, dit le maître, et je ne suis pas fait pour manger les restes des pierrots; sans compter que leur manière de déguster le jus de mes cerises diminue ma récolte.

— Monsieur me permettra de lui dire que sur cent cerises qu'on lui a servies, il n'y en a que deux auxquelles les moineaux aient goûté; c'est une bien petite perte, à supposer que c'en soit une.

— Petite ou non, je ne veux point subir cette perte et vous ordonne de détruire tous les moineaux.

— Monsieur, je n'ai jamais exercé ma

main au meurtre, et je ne commencerai pas en tuant mes amis et les vôtres.

— Eh bien, je me charge de ce soin. Je suis chasseur, j'ai un fusil, je tuerai tous les jours, cela m'exercera la main. En attendant, mettez le raisin en sac dès qu'il commencera à mûrir ; je ne veux pas que vos damnés pierrots goûtent avant moi le jus de ma treille.

— J'exécuterai les volontés de monsieur.

Or, le maître, tua moins qu'il ne voulait et le jardinier travailla comme il l'entendait.

Un jour, le maître visita ses treilles pour voir si ses grappes de raisin étaient mises en sac, et il aperçut çà et là quelques grappes entièrement nues.

Il appela son jardinier et lui dit :

— Ne vous avais-je pas recommandé de couvrir de sacs les grappes de cette treille ? d'où vient que plusieurs ne le sont pas, ?

— Je vais le dire à monsieur. C'est que je fais mes délices de la lecture de la Bible, et l'autre jour j'ai vu dans le lévitique, chapitre 25, cette prescription :

Lorsque le bœuf écrasera sous ses pieds les gerbes, pour séparer le grain de la paille, vous lui laisserez la bouche libre, afin qu'il puisse prendre sa part de froment.

— Eh bien ? quel rapport y-a-t-il entre
le bœuf et les moineaux, entre le blé et mon
raisin ?

— Le rapport saute aux yeux : l'oiseau
est aussi un travailleur comme le bœuf, et
le raisin est aussi un bien de la terre. Or,
j'ai pensé que Dieu voulait que tout travailleur eût son salaire, et j'ai cru entrer dans
l'esprit de la loi en laissant quelques grappes à découvert, pour rafraîchir le gosier de
ceux qui ont travaillé pour vous les conserver.

— Je n'adopte pas toutes ces idées ; je
veux faire mes récoltes complètes et n'en-
tends pas les partager avec les oiseaux.

— Monsieur en a le droit.

Quand l'automne fut venu, l'irritation du
maître augmenta ; les merles s'étaient per-
mis de goûter à ses poires. C'était un crime
de lèse-propriété digne de mort. La condamnation fut prononcée, elle embrassait tous
les oiseaux.

En peu de temps les terres du maître furent couvertes de piéges et d'engins de toute
sorte : gluaux, miroirs, sauterelles, abreu-
voirs, mouchettes, filets, raquettes, trébu-
chets, tout fut employé pour consommer
cette œuvre de destruction ; il ordonna
même l'enlèvement des nids.

Et puis il arriva un jour où il n'y eut plus d'oiseaux ; le silence se fit : plus de concerts dans les airs, plus de joie dans les arbres ; les bois, les vergers et les champs furent déserts, et le maître se frotta les mains en disant : désormais tout est à moi.

Mais une armée formidable leva la tête et complota la conquête de cette terre sans défenseurs. Cette armée était formée de bataillons divers, voués à la destruction du monde. Les uns sortirent des profondeurs souterraines, les autres des arbres, d'autres des feuilles ; ils avancèrent sourdement dans l'ombre, marchant sans obstacle à leur point d'attaque et munis d'armes meurtrières.

C'étaient :

Les courtillières avec leurs outils de mineurs.

Le hanneton avec sa faux.

Le charençon avec sa vrille.

Les vers blancs avec leurs scies.

Les chenilles, les colimaçons avec leurs emporte-pièces.

La pyrale, les sauterelles, les pucerons, les altises, les élatérides, les scolytes, les aphydes, la cécidomye et une foule d'autres insectes avec leurs cris-malais-barbelés,

leurs pinces, leurs aiguillons, leurs mar-
teaux, leurs couteaux.

Chacun se mit à l'œuvre :

Le blé fut coupé à sa racine, la vigne fut
mangé dans sa fleur ; il en fut de même
des arbres fruitiers. Les prairies furent
désséchées, les légumes furent rongés au
cœur.

Grand désespoir de la part du maître. Il
appella son jardinier et lui dit, en lui montrant ses arbres qui ressemblaient à des
balais :

— Regardez ce que sont devenus ces arbres qui pliaient sous le poids des fruits. Il
paraît que je ne récolterai rien cette année ?

— Monsieur ne récoltera rien.

— Pourquoi cela ?

— Parce que monsieur a livré ses terres
aux insectes, en exterminant ceux qui les
en préservaient. Monsieur n'a pas voulu
sacrifier un fruit aux oiseaux, il a été obligé
de sacrifier ses récoltes aux insectes. Monsieur n'a plus d'oiseaux, c'est vrai, mais il
n'a plus de fruits et il a des milliers de
vermines dont ses engins et son fusil ne le
débarrasseront pas.

Donc, mes enfants, si vous voulez compter sur le revenu de vos terres, laissez vivre
les oiseaux.

3.

UNE BANDE DE BARBARES

Si tous les hommes pensaient comme Jean de Namur, il n'y aurait pas besoin de lois, chacun aimant et pratiquant la justice. Il s'en faut que nous en soyons là : les gens rebelles aux lois sont en majorité; ceux qui détruisent sont plus nombreux que ceux qui créent et même que ceux qui conservent. Voilà pourquoi la présence d'un homme juste dans un village est une bénédiction et ses renseignements , une précieuse semence.

Jean de Namur avait à peine achevé son histoire, qu'on vit apparaître une bande d'hommes grossiers, chargés de mésanges et munis d'engins qui leur avaient servi dans cette chasse désastreuse.

Ils étaient coiffés de casquettes aux couleurs vives, pour attirer ces charmants oiseaux et ils s'en allaient, fiers de leur désobéissance aux lois, et riant de la bonhomie des gardes champêtres qui étaient sans doute ailleurs qu'à leur poste, ou tout au moins qui laissaient faire.

— Pas vu, pas pris, disait l'un d'eux en élevant en l'air une cage où une trentaine de mésanges étaient entassées.

— Nous ne nous cachons pourtant pas, dit un autre, et nos coiffures appellent assez les regards.

— Quelle singulière idée dit un troisième de faire une loi pour protéger les oiseaux !

. . . .

Cet étonnement exprimé, il s'ensuivit un qui fut général, ce fut l'apparition subite de plusieurs gardes champêtres qui, ayant vu ces hommes sortir le matin de la ville, les avaient suivis de loin, s'étaient réunis pour se prêter main-forte, avaient laissé consommer le délit, et, débouchant tous à la fois à l'endroit où le chemin se bifurquait, cernaient tous les délinquants.

— De par la loi, je vous arrête, dit l'un d'eux, et dresse procès-verbal d'un délit trop souvent répété. Combien de fois faut-il vous dire de laisser les oiseaux où Dieu les a placés? Vous êtes les ennemis de l'agriculture et des hommes; c'est vous qui livrez la terre aux insectes et qui nous faites payer les fruits et les légumes si cher, en en sacrifiant les trois quarts aux chenilles, aux vers, aux pucerons et autres vermines; mais vous ne voulez rien comprendre ; vous êtes ignorants et vous prétendez en savoir plus que tout le monde, et parce que vos pères vous ont transmis cette ignorance, vous voulez y croupir, et vous croyez faire niche à l'autorité en trompant sa surveillance pour répandre dans le pays la disette dont vous souffririez vous-mêmes. La raison n'a aucun empire sur vous; vous n'êtes sensibles qu'au châtiment; eh bien, le châtiment vous atteint, allons, marchez. . . . . . .

Le garde champêtre fit un signe à ses camarades et tous les gardes poussèrent cette cohorte vers la demeure du magistrat qui devait les juger et confisquer leur chasse.

PHILIPPE. — Les voilà bien avancés.

JÉRÔME. — Oh! que je serais honteux d'être ainsi emmené par des gardes pour avoir enreint une loi si sage!

LOUIS. — Et moi pour avoir ignoré ce que tout le monde sait!

PAUL. — Et moi pour avoir été vu là où je ne voyais personne!

JEAN DE NAMUR. — Cela arrivera plus d'une fois maintenant que chaque procès-verbal dressé est récompensé de 10 francs de prime. Les gardes champêtres ont tout intérêt à voir sans être vus.

GEORGES. — Pardon, Monsieur, je crois que tous les oiseaux sont utiles, puisque vous le dites, mais je voudrais bien savoir pourquoi les mésanges béquettent toujours les fleurs des arbres fruitiers ; elles ont l'air de manger ces fleurs.

JEAN DE NAMUR. — Elles s'en gardent bien, les charmantes petites bêtes ; elles nétoyent ainsi les fleurs des pucerons qui les mangeraient. Mais comme on juge toujours sur les apparences, leur voyant le bec dans les fleurs, on dit qu'elles les mangent. Ainsi toutes nos erreurs viennent de notre précipitation de jugement. Observons d'abord et ne concluons que lorsque nous aurons acquis une entière certitude.

JOSEPH. — Est-ce que les mésanges ne mangent que des pucerons?

JEAN DE NAMUR. — Elles mangent encore des œufs de papillons. Une seule mésange en consomme plus de 300,000 dans le cours d'une année. Ces 300,000 œufs seraient devenus 300,000 chenilles ; donc, 10,000 nids de mésanges consomment 36,000,000 de chenilles par mois, lesquels 36,000,000 de chenilles auraient dévoré bien plus de 36,000,000 de fleurs qui sont autant de fruits en germe. Voyez, mes enfants, combien d'argent il faudrait dépenser pour faire écheniller les arbres par des hommes, et de quelle utilité sont les mésanges. Ces ouvriers-là, nous ne

les payons pas, c'est tout profit que de les
laisser vivre.

ADRIEN. — Monsieur le maître, il est bien
regrettable que tous les enfants ne connais-
sent pas le prix des auxiliaires précieux que
Dieu nous a donnés dans les oiseaux. Si les
élèves de toutes les écoles étaient aussi bien
disposés que nous pour les protéger, il n'y
aurait plus de dénicheurs. Ne pourrait-on
pas établir dans les écoles une société pour
la protection des nids? L'affiliation à cette
société serait une récompense accordée aux
élèves qui se seraient distingués par leur
travail et leur bonne conduite, et celui à qui
serait accordée cette admission, prendrait
l'engagement d'empêcher l'enlèvement des
nids, par la voie de persuasion et d'avertis-
sement. Avec votre permission, nous se-
rions les premiers enrôlés sous ce drapeau
du bien public, et à notre suite marcheraient
peut-être toutes les écoles de la province
d'Anvers.

TOUS LES ÉLÈVES. — Bravo! Adrien ; ce
que tu demandes, nous le désirons tous.

JEAN DE NAMUR. — Devant un vœu si
chaleureusement exprimé par tous et si
bien senti par Adrien, je ne puis que donner mon consentement. Au reste, ce consentement vous était acquis d'avance. Sou-

vent j'avait songé à organiser cette sainte ligue contre l'enlèvement des nids; j'étais retenu par la crainte de ne pas rencontrer en vous assez de fermeté et d'ardeur, et dans les autres écoles une franche adhésion à notre initiative. Je n'hésite plus, car je vois qu'il y a en vous de braves cœur. Je n'hésite plus, car je crois maintenant à l'entraînement de l'exemple.

Un jour, les générations remercieront Adrien de cette bonne idée, quand la prospérité de l'agriculture fera remonter de l'effet à la cause. Alors, on reconnaîtra que l'homme est frappé d'impuissance contre l'innombrable quantité d'insectes qui finiraient par faire disparaître toute végétation de la surface de la terre, si Dieu n'avait pas créé les oiseaux pour empêcher ces ravages, car chaque plante a ses insectes; le blé à lui seul en a dix-neuf.

Alors, on reconnaîtra que les petits oiseaux sont nos pères nourriciers et les anges gardiens de l'épi de blé, et qu'en détruisant un nid de moineaux, on compromet la récolte de 13 mètres carrés de terre; que chaque oiseau protége assez de blé par an pour nourrir une personne pendant une semaine.

Je voudrais faire comprendre à tous que

la multiplication des insectes a quelque chose de fabuleux, d'effrayant. Par exemple, les pucerons qui rongent l'extrémité des branches des pêchers produisent dix générations par an, dont le total est de plusieurs centaines de millions provenant d'une seule femelle.

Ainsi la lucite dépose sur les épis de blé des paquets de larves d'où sortent des myriades d'insectes qui mangent le cinquième de la récolte.

Il en est de même des autres insectes.

Ainsi un travail statistique a démontré qu'en 1856, le ver jaune a causé 4 millions de ravages en France, dans le département de la Moselle.

La pyrale en a fait à peu près autant dans le Mâconnais, et un pépinieriste des environs de Paris évalue à 30,000 francs les pertes causées par la larve du hanneton.

Il s'agit donc de remédier promptement à ces désastres, en aidant de tous nos moyens à la multiplication des oiseaux.

La conservation des nids est un de ces moyens, et je vous vois avec bonheur vous ériger en défenseurs de ces trésors. Mais pour en hâter la multiplication, je ne saurais trop recommander aux cultivateurs de planter des

arbres et des haies dans les plaines déboi-
sées, ou seulement des buissons épineux
dans les terrains vagues, avec quelques
arbres fruitiers au milieu; les oiseaux ne
tarderaient pas à venir y nicher.

J'ai l'intention de vous employer à ce travail, le printemps prochain, pour la planta-
tion d'une nicherie dans un petit terrain de
notre commune. La colonie ailée qui s'y
établira sera vôtre; vous lui devrez une
protection toute spéciale.

Enfin, je recommande à ceux qui ne
pourraient planter ni arbres ni buissons,
l'emploi des nids artificiels.

Ces nids en bois, en poterie, ou toute
autre matière, ont vers le haut une petite ou-
verture au-dessous de laquelle se trouve un
petit perchoir gros comme le doigt. On les
suspend en haut d'une perche et les oiseaux
y établissent leur ménage, et vous récom-
pensent de cette hospitalité par le don de
nombreux défenseurs de vos biens.

Je ne doute pas, mes enfants, que ces
nombreuses tribus qui vous devront l'existence, ne soient aimées de vous et consi-
dérées comme faisant partie de votre famille.

Quelle douce satisfaction de se dire : Ces
jolies petites créatures me doivent la vie;

cette joie, ces chants, ce bonheur sont mon ouvrage; les services que ces bons petits ouvriers rendront au monde, c'est moi qui en serai l'auteur.

Consolante pensée! planter, fonder, multiplier les créatures utiles, développer, étendre la vie, c'est être presque les collaborateurs de Dieu!

Joseph. — Monsieur le maître, la propagation des oiseaux, au moyen des nids artificiels, m'offre un si grand intérêt que je veux remplacer mes jeux par cette douce occupation d'attirer, d'observer des familles d'oiseaux, d'étudier leurs mœurs, de voir comment ils élèvent leurs enfants, de m'immiscer dans les secrets de leurs petits ménages. Je vais demander à papa de m'acheter un nid artificiel à la place du beau cerf-volant qu'il devait me donner. Je placerai ce nid dans notre pommier, et au lieu d'enlever mon cerf-volant ou de fouetter ma toupie, j'irai voir la famille du pommier; j'en compterai les petits, j'entendrai leurs chansons et le soir, en m'endormant, je me dirai : j'ai fait une œuvre utile; j'ai augmenté le nombre des protecteurs de l'agriculture, tout en m'amusant et en m'intruisant.

Sylvain. — J'en demanderai un aussi à mon père; et comme nous n'avons pas de jardin, je le fixerai au mur, au-dessus de notre fenêtre. Je veux être, comme Joseph, un bienfaiteur de l'agriculture.

TOUS LES ÉLÈVES. — Et nous aussi, et nous aussi ; nous achèterons tous des nids artificiels.

JEAN DE NAMUR. — Vous faites ma joie, mes enfants, par votre empressement à saisir les idées généreuses. Vous serez des hommes utiles et votre génération verra luire des jours prospères.

———

UN HOMME PRESSÉ DE PERDRE SON ARGENT

Les élèves de Jean de Namur, pour varier les plaisirs du voyage avaient entonné un cantique d'admiration pour les œuvres de Dieu. Ils venaient d'achever cette belle strophe :

Charmants oiseaux de ce riant bocage,
Chantez, chantez, redoublez vos concerts ;
Par vos accents rendez un digne hommage
Au Dieu puissant qui régit l'univers ;
Par vos doux sons, votre tendre ramage,
Vous inspirez l'innocence et la paix,
Et vos plaisirs du moins ont l'avantage
Que les remords ne les suivent jamais.

Lorsqu'un homme aux pieds poudreux, au visage couvert de sueur, demanda à Pinacker s'il voulait le laisser monter sur son siége.

— Si le maître le veut, ce sera avec plaisir, répondit Pinacker, en se baissant pour consulter Jean de Namur de l'œil.

Jean de Namur regarda l'étranger et lui dit :

— Vous paraissez bien fatigué, monsieur.

— Et bien pressé surtout, répondit le voyageur.

— Allez-vous donc visiter quelque malade, soulager quelque douleur ?

— Bast ! fit l'étranger, en accompagnant cette exclamation d'un geste qui voulait dire : j'ai bien autre chose à faire.

— Je devine, répliqua le maître : la mort d'un parent, d'une mère peut-être......

Un éclat de rire répondit à cette supposition lugubre et l'étranger dit :

— Puisque vous voulez le savoir, mon cher monsieur, je vais à un combat de coqs où doivent lutter les gallinacés les plus célèbres, et où des paris fort importants seront engagés entre les coqueleux ; il est donc nécessaire que j'arrive promptement.

— Ha ! fit le maître, en fronçant le sourcil. Et ce combat doit avoir lieu ?...

— A R*** dans la maison du cabaretier Schepdael ; mais ce sera en champ-clos, les nouvelles lois ne tolérant plus cette coutume.

— Eh bien, monsieur, vous pouvez y aller à pied, vous arriverez toujours assez tôt, dit le maître en prenant une expression énergique. Je ne vous donnerai certes pas place dans ma voiture pour aller enfreindre les lois d'humanité et de morale.

— Alors garde ta voiture, pauvre bonhomme, j'irai à pied.

— *Bon homme*, je m'en flatte, et je ne vous saluerai pas de ce nom, monsieur l'amateur de spectacles sanglants.

Quand le voyageur eut tourné le dos, Jean de Namur prit sa tête entre ses mains et dit avec l'accent de l'indignation.

« Est-il impossible, qu'en plein XIXe siècle il se trouve encore des hommes qui se complaisent à voir la souffrance, le sang et la mort ! Est-il possible qu'un homme soit assez dépourvu de sens moral pour ne pas comprendre que la cruauté passe de l'œil au cœur, et que celui qui trouve plaisir à voir le mal est tout prêt à le faire !

« Vous ne savez pas, mes enfants, toute l'horreur de pareils combats.

« Deux coqs, ennemis déjà par nature,

sont mis en lice; s'ils n'avaient que leurs armes naturelles, c'est-à-dire bec et angles, ce serait déjà peu récréatif pour une bonne nature; mais l'homme, par un raffinement de cruauté, arme d'éperons garnis de lames d'acier ces deux coqs qui doivent combattre; ils se précipitent l'un sur l'autre, se percent, se déchirent de la pointe de leurs éperons; le sang coule, les chairs tombent en lambeaux, les entrailles s'échappent de leur corps; mais le combat continue jusqu'à ce qu'enfin l'un des deux tombe mort et l'autre mourant.

« Alors les malheureux paysans qui ont parié leur gain d'une semaine, rentrent furieux et se vengent sur leur famille de la perte de leur argent; souvent même ils se battent immédiatement entre eux. Ainsi au combat de coqs succède le combat d'hommes; la différence n'est que dans l'espèce; la même cruauté règne dans les deux combats et cela se comprend : l'homme qui est cruel de sang-froid ne devient pas humain quand la passion l'anime. Ainsi, souvent un combat de coqs suscite des haines entre voisins et des discussions dans les familles.

« Et l'autorité est impuissante à empêcher ces combats, puisque pour se soustraire à sa répression, on se cache.

« Non, jamais tant que cela durera, il n'y aura de ménage paisible. Jamais tant que cela durera, il n'y aura de sentiments humains parmi le peuple.

« Et moi qui sais ce qui passe, je dois l'empêcher. Laisser faire le mal, c'est s'en rendre complice. Ce combat n'aura pas lieu, s'il en est temps encore. »

Et se tournant vivement vers le cocher, le maître lui dit :

— Pinacker, conduisez-moi chez le bourgmestre de R***.

— J'y pensais, monsieur, dit le brave homme.

Quand Jean de Namur et ses élèves arrivèrent devant la porte du cabaretier en sortant de chez le bourgmestre, qui était absent, ils aperçurent un grand rassemblement au milieu duquel se débattaient des hommes que des agents de police emmenaient malgré leur résistance. Ces hommes avaient leurs vêtements déchirés et la figure ensanglantée.

Jean de Namur s'étant informé de la cause de tout ce bruit, on lui dit qu'un combat de coqs ayant eu lieu secrètement, des paris s'étaient engagés; mais que lorsqu'il avait fallu payer les gageures, deux hommes s'étaient pris de querelles et avaient poussé

la fureur si loin, que, ne pouvant les séparer et craignant pour leur vie, un des
assistants avait été requérir l'aide de l'autorité qui emmenait non-seulement les
hommes qui s'étaient battus, mais aussi le
cabaretier et tous ceux qui avaient assisté
aux combats de coqs; que probablement,
et suivant la loi, ils allaient être condamnés
tous à la prison et à l'amende; mais qu'à
l'avenir ces combats secrets deviendraient
impossibles, parce que les agents de police,
déguisés en paysans, s'introduiraient dans
le huis clos et arrêteraient tous ceux qui
viendraient s'amuser de la souffrance et
ruiner leur famille.

— Je suis arrivé trop tard pour empêcher
le mal, dit Jean de Namur, mais puisqu'il
en est résulté une si sage mesure, je n'ai
rien à regretter. Puissent les agents de police
employer la même ruse dans toutes les localités!

La voiture ayant repris le chemin de N***,
le maître dit aux enfants :

— Voyez, mes amis, si les hommes ne
sont pas ennemis de leur propre bonheur
quand ils perdent, dans de tels jeux, leur
repos et leur argent. Avec du bon sens
pourtant, ou avec de la compassion, qui est

le bon sens du cœur, on éviterait ces maux.
L'homme n'irait point dans ces réunions, sa
bourse en serait plus pleine, sa famille y
gagnerait, et la morale aussi; car rien ne
déprave le cœur comme l'habitude de voir
souffrir, de faire souffrir par amusement.

Un homme qui se respecte ne doit point
assister à ces sortes de jeux, si l'on peut
appeler ainsi des luttes cruelles.

Souvenez-vous, mes enfants, que partout
où il y a dureté de cœur, partout où il y a
souffrance dont on se repaît, il y a dégra-
dation pour l'homme.

PIERRE. — Tout ce que vous venez de dire
sur le malheur des familles, dont le père
assiste aux combats de coqs, est bien vrai.
J'ai un petit ami qui se cache toujours quand
son père rentre, parce que c'est un coqueleux incorrigible et que toutes les fois qu'il
a perdu l'argent qu'il a parié pour un coq,
il ne manque jamais de frapper ses enfants
en rentrant.

———

A TRAVERS CHAMPS

Déjà l'on apercevait au loin le clocher de
N*** et la route s'animait des travaux des

champs et de la musique naïve des pâtres.
Ici, des brebis broutaient l'herbe des prés, là,
des bœufs traçaient lentement leurs sillons.
Spectacle éternellement beau, éternellement solennel dans son uniformité; sainte
association du travail de l'homme et du
travail des animaux, ses aides patients
et dévoués ; association productive pour
l'homme juste et généreux, désastreuse pour
l'homme brutal et avare, parce que tout est
perte pour celui-ci.

Le pâturage s'offrit le premier aux regards
des voyageurs. Deux troupeaux y paissaient,
mais bien différents l'un de l'autre.

Antoine en fit la remarque.

— C'est singulier, dit-il, voilà deux troupeaux qui ne se ressemblent guère; l'un est
gras, l'autre est maigre, et ils paissent pourtant tous deux dans le même pré.

Jean de Namur. — Votre observation est
judicieuse, mon enfant. Certes, si la beauté
du pâturage suffisait à l'animal, ces deux
troupeaux devraient rivaliser de bonne
mine. Mais je gage qu'ils appartiennent à
des maîtres différents et que celui du troupeau maigre est un homme brutal et ignorant. L'élevage des animaux est une science
qui demande de l'intelligence et du cœur.
L'intelligence sert à découvrir les meilleurs

procédés pour produire de belles espèces. Le cœur guide l'intelligence dans l'application de ces procédés et ajoute à la pratique ce qui ne se trouve point dans les livres, ce que n'enseignent point les méthodes, le sentiment qui fait deviner la souffrance et inspire les bons traitements.

C'est une étude qui peut convenir à beaucoup d'entre vous ; aussi vous proposerai-je de continuer la route à pied, en traversant ces champs et ces prairies, vous y trouverez des enseignements qui vous serviront plus tard.

Tous les élèves. — Oui, oui, descendons.

Pierre. — Approchons-nous de ces bonnes brebis.

Sylvain. — Allons voir comment on laboure.

Tout le monde descendit et le maître dit à Pinacker :

— Continuez doucement votre route ; nous vous rejoindrons à l'entrée de N***.

Un essaim de papillons ne volent pas avec plus de légèreté sur les fleurs que les enfants n'en mirent à se disperser au milieu des troupeaux ; mais afin que tous profitassent de ses leçons, Jean de Namur les rassembla autour de lui, écoutant leurs observations et y répondant.

Lucien. — La différence entre ces deux troupeaux est encore plus grande de près. Voyez donc comme la laine de ceux-ci est fine et épaisse, tandis que la laine de ceux-là est rude et clair-semée.

Ferdinand. — Et regardez donc, dans le troupeau maigre combien il y a de moutons qui boitent. On dirait que toutes les infortunes sont pour ce troupeau ; je suis tenté de le préférer.

Jean de Namur. — Notre préférence devant être acquise aux plus malheureux, je crois que la vôtre serait bien placée.

Léon. — Maintenant, c'est bien autre chose ; en voilà deux qui se battent parmi les moutons chétifs.

Jean de Namur. — Toutes vos remarques me confirment dans l'idée que leur maître ou leur berger est brutal. La brutalité aigrit le caractère, rend méchant l'animal qui en est l'objet, l'estropie quelquefois et altère sa santé toujours ; et la santé des bêtes de boucherie est la cause première de leur embonpoint et de leur valeur. Mais j'aperçois le berger, parlons-lui.

Le berger avait l'air sombre, la mine sauvage. Il ne faisait pas de musique, mais il fumait une pipe, et dès qu'un mouton s'éloignait un peu des autres, il criait à son chien : « Drak, cours-lui sus! cours-lui sus! »

Jean de Namur s’approcha.

JEAN DE NAMUR. — Berger, votre troupeau nous intéresse par sa maigreur. Nous pensons qu’une épizootie a régné parmi eux et que ceux qui ont survécu n’ont pas encore recouvré leur embonpoint.

LE BERGER. — Il n’y a pas eu d’épizootie sur mes bêtes ; elles ont toujours été maigres.

JEAN DE NAMUR. — Votre avantage est pourtant de former de belles espèces, et à en juger par l’état de vos moutons, je suppose que vous ne concourez pas pour le prix accordé à l’amélioration des races.

LE BERGER. — Le maître et moi nous nous en gardons bien ; quand on n’a pas de chance on a beau faire, on n’arrive à rien. Mes brebis mangent comme d’autres, paissent la même herbe que les autres et elles ne profitent pas ; que voulez-vous que j’y fasse ?

JEAN DE NAMUR. — Il faudrait peut-être plus de douceur dans votre conduite envers elles. J’en vois quelques-unes qui boitent, seraient-elles blessées ?

LE BERGER. — Oui, c’est moi qui les ai blessées en les frappant avec mon bâton, parce qu’elles s’écartaient du troupeau.

6.

JEAN DE NAMUR. — Votre chien suffisait pour les ramener, ce me semble, et d'ailleurs vous n'aviez pas besoin de frapper si fort. Singulier moyen de ramener ses bêtes que de les estropier !

LE BERGER. — Ah ! dame ! je suis vif et un peu brusque, je ne peux pas me refaire.

JEAN DE NAMUR. — L'homme sensé ne dit jamais cela. On doit toujours pouvoir se refaire quand on est imparfait, et dans ce cas, c'est un devoir.

LE BERGER. — Après tout, qu'est-ce que cela fait que quatre moutons soient estropiés dans mon troupeau ?

JEAN DE NAMUR. — Cela fait une souffrance inutile pour les pauvres bêtes, et pour le boucher, cela fait une viande fiévreuse que votre maître doit vendre moins cher. Ne voyez-vous pas que tous vos moutons sont de mauvaise qualité, en comparaison de ceux de ce troupeau si gras, si bien portant, si agréable à l'œil, et pensez-vous que, sur le marché, on paye vos bêtes le même prix que celles qui sont là-bas ?

LE BERGER. — On ne les paye pas le même prix non plus, et c'est bien ce qui vexe mon patron. Et comme il fait mal ses affaires, il me paye mal ; et comme je suis mal payé, je suis souvent de mauvaise humeur et mes moutons s'en ressentent.

JEAN DE NAMUR. — C'est bien là l'enchaînement des choses. Cause vicieuse, effets désastreux. Que votre maître ne se plaigne donc pas ; il n'a que ce qu'il mérite. Brutal comme vous, il appauvrit le sang de ses bêtes et sa propre personne. Qu'il imite plutôt le maître de ce troupeau qui paraît si heureux là-bas, devant ce bon berger souriant et jouant de la flûte. Je vais causer avec lui, il me dira son secret pour élever de si beaux moutons.

Jean de Namur et les enfants s'approchèrent du bon berger. Il avait la figure joviale. Une grande douceur régnait dans sa physionomie et un grand calme dans ses mouvements. Il jouait en ce moment un air mélancolique dont l'homme lui-même devait ressentir les effets par l'apaisement de ses nerfs. Jean de Namur le salua et lui dit :

— Berger, vous avez des moutons d'une beauté rare ; ils témoignent des bons soins que vous en prenez ; mais si soignés qu'ils soient, ils n'arriveraient pas à cette perfection de race, si vous n'aviez quelque recette particulière.

LE BERGER. — J'ai bien soin de mes moutons, c'est vrai, Monsieur. D'abord, je les aime; puis je prends les intérêts de mon maître. Aimer ses moutons et prendre les intérêts de son maître, c'est tout ce qui fait le bon berger. S'ils sont beaux, c'est que je travaille à ce que leurs mères soient belles, et que mes soins pour-eux, commencent avant qu'ils soient nés.

Aussi, quand mes brebis sont pleines, je redouble de sollicitude et de surveillance pour elles; par exemple, je leur donne les meilleures places dans les pâturages, (je veux dire les places les plus tranquilles et les mieux fournies d'herbe) car il faut du calme pour que la nourriture profite. Je ne souffre jamais que mes chiens les agacent, je ne les fais jamais passer par des endroits où elles pourraient être pressées, ou exposée à des coups, ou à des chutes.

Quand elles sont à l'étable, je leur donne la meilleure ration. Je me garde bien de leur donner du fourrage moisi ou poudreux; tout ce qu'elles mangent est soigneusement examiné par moi; en un mot, je les soigne avec mon cœur pour les soigner avec tendresse. Donc, ayant bien soigné mes brebis, j'ai de beaux agneaux qui deviennent de beaux moutons.

Ce n'est pas tout. Quand je les conduis

aux pâturages, j'évite de les faire paître dans des herbages aqueux, l'estomac vide et le vent en face, parce que cela leur donne le gonflement. Je veille aussi à ce que mes bêtes n'absorbent jamais le séné, le pavot, le baume des champs, avant que ces herbes soient fleuries.

L'hiver, mes moutons sont aussi bien à l'étable qu'aux pâturages ; je leur donne une nourriture succulente et fraîche de racines qui les repose d'un régime trop excitant. Rien ne leur est refusé : ils ont de l'air, du jour, une bonne litière. Vous me direz : — Pourquoi du jour ? — Parce que les moutons sont inquiets quand ils se trouvent dans l'obscurité ; alors, ils ne mangent pas avec plaisir, ils ne profitent pas de leur nourriture, et comme ils mangent encore de meilleur cœur quand ils entendent de la musique, je leur joue en ce moment un petit air de flûte pour qu'ils soient complètement heureux.

Voilà pourquoi mes moutons sont beaux. Voilà pourquoi mon maître est riche.

Jean de Namur. — Et voilà pourquoi vous êtes heureux. Merci, berger. Je vois que la tendresse pour les animaux n'est pas si sotte que certaines gens le pensent, et que Jacques Bujault a raison quand il dit que soigner son bétail, c'est soigner sa bourse.

On quitta les bergers pour s'approcher des laboureurs, qui retournaient leur champ à peu de distance du pâturage. La plupart des enfants s'étaient groupés autour du maître, les autres marchaient en avant en fredonnant l'air de flûte du berger.

Pendant qu'ils cheminaient, Antoine regardait tour à tour les deux laboureurs, placés chacun dans un champ différent, et après les avoir bien considérés, il crut devoir faire cette observation, à Jean de Namur.

— Monsieur, je crois qu'il y a de bons et de mauvais laboureurs comme il y a de bons et de mauvais bergers. Depuis quelques instants, je considère ces deux laboureurs et leurs bœufs et je vois qu'ils ne travaillent pas de même.

Ainsi, regardez : il y en a un qui pique ses bœufs, tandis que l'autre se contente de chanter à ses bêtes, sans se servir d'aucune arme ; et, chose bizarre, ce sont les bœufs auxquels on chante qui travaillent le mieux, autant que j'en puis juger dans mon petit bon sens qui me dit que la régularité dans le labour doit être une bonne chose.

Jean de Namur. — Vous avez parfaitement raison, Antoine, le bon travail est calme et régulier, et le bon travail ne s'obtient que par la douceur. Aussi en voyant la manière de labourer de ces deux hommes, pouvons-nous dire d'avance : l'un est doux, l'autre est brutal.

La grande science de manœuvrer la charrue consiste à régler la marche de l'attelage.

Dans cette direction, le laboureur a tout intérêt à être doux, car il ménage ses bœufs, ses terres et sa charrue, et son labour est bon.

Le mauvais laboureur effraye l'attelage par ses cris et ses jurements, l'attelage effrayé fait un travail saccadé, il se fatigue beaucoup et casse tout.

Le maître se plaça avec ses élèves sur la limite des deux champs, de manière à pouvoir observer en même temps le travail des deux laboureurs.

La charrue du bon laboureur ouvrait la terre sans secousse ; ses bœufs semblaient deux amis qui se promenaient côte à côte, absorbés par la même pensée ; la terre, retournée à la même profondeur, dans tout leur parcours, était parfaitement disposée à recevoir la semence ; le laboureur chantait.

De ce côté étaient le contentement, le calme, l'union, l'espérance.

La charrue du mauvais laboureur, ressautait à chaque juron proféré ; elle déviait du sillon à chaque coup d'aiguillon donné à l'attelage ; les bœufs hahuris ne tiraient pas ensemble ; la terre était inégalement retournée. Le laboureur s'agitait, criait, vociférait.

De ce côté étaient la colére, le découragement, la désunion, la souffrance.

Avant que le mauvais laboureur fût à la moitié de son champ, le bon laboureur avait déjà commencé le sillon parallèle. Jean de Namur lui sourit, quand il approcha, et lui dit :

—Vous avez plus tôt fini que votre camarade et vous travaillez mieux ; je vous en félicite.

Le laboureur. — Ce n'est pas pour me glorifier, Monsieur, mais je me rends ce témoignage que je fais bien mon travail. Il faut dire aussi que mes bœufs et moi nous ne faisons qu'un : même volonté, même patience, même douceur.

Jean de Namur. — Vos bœufs ont tant d'ensemble qu'on dirait une seule bête attelée à votre charrue.

Le laboureur. — C'est que j'attèle tou-

jours deux bœufs de la même force, du
même entrain et qui ont l'habitude de travailler ensemble. Je ne leur demande qu'un
travail proportionné à leur ration et je les
fais reposer à l'étable aux heures les plus
chaudes de la journée.

JEAN DE NAMUR. — C'est égal; dans les
grandes chaleurs, vous et vos bœufs devez
bien souffrir.

LE LABOUREUR. — Moi, si je souffre, c'est
de ma pleine volonté et seulement de la
chaleur ; tandis que mes bœufs, qui n'ont
point choisi leur état, souffrent de la chaleur
du travail en plus de la chaleur du temps.
Aussi, plusieurs fois par jour, je leur rafraî-
chis la tête, les yeux et les pieds avec de
l'eau froide et je les fais baigner souvent.

JEAN DE NAMUR. — Et vos bêtes vous obéis-
sent sans que vous les piquiez et sans que
vous juriez ?

LE LABOUREUR. — Plus souvent que je pi-
querais mes bœufs et que je jurerais pour
effrayer mes bêtes, casser ma charrue et dé-
chiqueter la terre, comme le fait mon
camarade dans l'autre champ ! J'aime mes
bœufs et j'aime ma bourse ; je conserve tout
à la fois par le calme et la douceur.

JEAN DE NAMUR. — Brave laboureur ! que
les bénédictions du ciel descendent sur ton

champ si sagement préparé à la semence !

Jean de Namur serra la main du laboureur, et les enfants, par un élan spontané, voulurent tous embrasser l'homme qui rendait le travail si aimable.

Les enfants et leur maître prirent à grands pas le chemin de N*** car l'heure du dîner approchait et un gros nuage noir et bas annonçait une ondée prochaine. Ils échangèrent néanmoins leurs réflexions sur le bon laboureur. Adrien dit :

— J'aime cet homme doux qui compte pour rien sa fatigue, et qui ne songe qu'à soulager ses bœufs. Dieu doit le voir avec complaisance, comme tout être qui songe aux autres avant soi.

Jean de Namur. — Oui, Dieu le voit avec complaisance et rend ses récoltes abondantes; ainsi, en toutes choses, le bien sort du bien. Dieu, en nous faisant une loi de traiter en frères de second ordre les animaux, ces vaillants serviteurs, a attaché à l'observation de ce précepte sa récompense. C'est pourquoi les hommes intelligents ne l'ont jamais enfreinte. Ainsi, au moyen âge, les moines, ces grands cultivateurs remirent en pratique ces préceptes bibliques qui établissent entre l'homme et les animaux égalité de repos, et même égalité de profit dans les récoltes, puisqu'il est écrit dans le lévitique, comme s'en souvenait parfaitement le bon jardinier : *lorsque le bœuf écrasera sous ses pieds les gerbes, pour séparer le grain de la paille, vous lui laisserez la bouche libre, afin qu'il puisse prendre sa part de froment.*

L'un de ces moines dit, dans un traité d'économie rurale, quelques mots qui rappellent le brave homme que nous quittons ; les voici :

« Il faut choisir pour conduire la charrue, des hommes doux qui chantent aux bœufs et ne les aiguillonnent pas. »

Jérôme. — Moi, Monsieur, ce qui m'a le plus frappé, c'est la mauvaise figure du laboureur qui jurait et frappait ; j'en aurais peur si je le rencontrais dans un bois ; il me semble qu'il me ferait du mal à moi aussi.

Jean de Namur. — Evidemment ; l'homme brutal envers les animaux, l'est toujours envers ses semblables, parce que l'habitude est une seconde nature.

ENTRE LA PLUIE ET LE BEAU TEMPS

Jean de Namur allait raconter une histoire à l'appui de ce qu'il avançait, lorsque de grosses gouttes d'eau, obligèrent les promeneurs de courir vers le village de N*** qui n'était plus qu'à une centaine de pas. Il y arrivèrent au moment où la nuée fondant, laissait échapper l'eau par torrents. Le bon Pinacker s'était réfugié dans la voiture, après avoir jeté une couverture sur le dos de son cheval pour le préserver d'un refroidissement. Il n'y avait plus moyen de dîner sur l'herbe, comme on en avait l'intention, et comme les appétits étaient fort aiguisés par l'exercice et le grand air, le maître décida qu'on entrerait dans une auberge qui se trouvait sur la route, et qu'on dînerait pendant que le ciel s'éclaircirait.

Les enfants en furent enchantés. Tout ce qui est nouveau plaît à la jeunesse, l'imprévu surtout.

On secoua les casquettes, on s'essuya la figure, ce qui fut l'occasion de mille plaisanteries, parce que Pierre, ayant un mouchoir de couleur qui déteignait, s'était fait le nez violet. — Le nez ne supporte aucune tache ; tout ce qui se pose sur lui le rend bête. A-t-on une tache, un bouton, un clou sur la joue, on ne provoque pas même un sourire, mais une tâche sur le nez ! mais un clou sur le nez ! mais un nez d'une autre couleur que la figure ! qui est-ce qui peut garder son sérieux devant une pareille mésaventure ? — Aussi les enfants rirent-ils longtemps du nez de Pierre, même après qu'il fut devenu blanc. Ce ne fut que lorsque la table fut couverte des provisions que Pinacker avait descendues de la voiture, qu'on laissa le nez de Pierre tranquille.

En fait de nez, il n'y eut plus que celui de certain Raminagrobis qui vint flairer les assiettes garnies de la langue de bœuf, déjà mentionnée dans notre menu. Ce Raminagrobis avait nom Mouton, sans doute à cause de sa douceur, sans doute aussi à cause de sa beauté, car il était gros et d'un poil magnifique. Mouton, perché sur le dos d'une chaise, faisait force ronrons, en reluquant de l'œil la fameuse langue de bœuf, lorsque l'hôtellier, indigné d'une pareille licence, rappela son chat près de lui. Ce fut l'occasion du dialogue suivant :

Sylvain. — Voilà un minet qui est bien

gras, monsieur l'hôtelier; il mange donc beaucoup de rats et de souris?

L'HÔTELIER. — Mon petit ami, les chats qui ne vivent que de rats et de souris sont bien maigres, attendu que le peu de souris qu'ils mangent ne leur profite pas, puisqu'ils en vomissent la peau et les os, et que, par conséquent, étant faibles, ils chassent peu ou point du tout.

SYLVAIN. — Comment donc votre minet est-il si gras?

L'HÔTELLIER. — Parce que je le nourris parfaitement bien de bonnes pâtées et de viande crue.

SYLVAIN. — Alors il ne prend ni rats ni souris, car les chats qu'on nourrit bien sont des paresseux qui dorment toute la journée.

L'HÔTELIER. — Détrompez-vous. Il n'y a pas de meilleurs chasseurs que les chats parfaitement nourris. Je voudrais que vous vissiez avec quelle ardeur, quel entrain, un chat qui n'a pas faim attaque les plus gros rats, avec quelle vigueur il les étrangle, tandis que les chats mal nourris, affaiblis, exténués, n'ont qu'une préoccupation, c'est de rôder autour des cuisines où les appelle avant tout leur ventre affamé. Jugez-en par vous-même. Si vous n'aviez pas mangé depuis douze heures, auriez-vous bien de la force pour lutter de vigueur et de vitesse contre un chevreuil, courant dans les bois et sans autres armes que vos mains? Ou bien encore, auriez-vous grand cœur à l'étude si vous restiez en classe toute la journée sans manger? Non, certes. Pour bien travailler, il ne faut pas souffrir.

SYLVAIN. — Vous dites vrai; quand j'ai des tiraillements d'estomac, je n'ai plus courage à rien.

L'HÔTELIER. — Eh bien, l'histoire de Mouton achèvera de vous convaincre.

Il n'a pas toujours été gras comme vous le voyez; quand on me l'a donné, il avait l'air d'une sauterelle. Alors il appartenait à un fermier qui avait pour système de le faire jeûner pour le rendre alerte; mais loin de devenir alerte, la pauvre bête ne pouvait plus se traîner et elle ne prenait pas un rat par an. Son maître me la donna comme une bête inutile. Je pris le contre-pied de sa méthode; je fis faire à Mouton trois repas par jour, et je puis dire qu'il n'y a pas son pareil pour la destruction des rats.

SYLVAIN. — Monsieur l'hôtelier, je raconterai cette histoire à certains fermiers qui disent que le chat doit vivre de son travail.

Ce dialogue fut interrompu par un tumulte qui avait lieu sur la route.

L'hôtellier sortit pour en connaître la cause et revint quelques minutes **après**, fort irrité et disant :

— N'ai-je pas raison de penser qu'un voleur de grands chemins est moins à craindre qu'un charretier brutal ? Le premier vous dévalise une fois, mais le second vous ruine en détail. En voilà un qui vient de tuer son cheval à coups de manche de fouet sur la tête. Quelle est la brute des deux ? A mon avis, c'est l'homme.

JEAN DE NAMUR. — C'est abominable. Je pense qu'on va punir cet homme comme il le mérite.

L'HÔTELIER. — Procès-verbal est dressé ; il en aura pour cinq jours de prison et 15 francs d'amende.

JEAN DE NAMUR. — Et puis, il se vengera sur une autre bête de la trop légère punition qu'il a encourue. Les lois sont trop douces pour de pareilles gens qui, dans leur colère, tueraient un homme comme elles tuent un cheval. Quinze francs d'amende seulement, pour avoir commis un acte inique, immoral, barbare !

L'HÔTELIER. —- Cette amende-là, ou même une plus forte, ne rendrait pas le cheval à son maître. C'est une énorme perte pour lui, et cette perte se renouvelle plus souvent que vous ne sauriez le croire. Ainsi, moi qui demeure sur la route et qui vois passer tous les jours les mêmes voitures, je les connais ainsi que leurs maîtres et leurs charretiers; eh bien, j'ai remarqué que certains maîtres renouvellent leurs chevaux cinq à six fois par an, parce qu'ils ont de mauvais charretiers, tandis que ceux qui confient leurs bêtes à des hommes doux, ont toujours les mêmes chevaux bien portants et robustes. Quels sont les plus sensés? Ne sont-ce pas ceux qui choisissent de bons charretiers? Quels sont les plus riches? Ne sont-ce pas ceux qui gagnent plus et dépensent moins? et ne dépense-t-on pas moins quand on garde son cheval longtemps?

JEAN DE NAMUR. — Ce que vous dites est parfaitement juste. Aussi devrait-il y avoir pour les charretiers et pour les cochers, des écoles préparatoires où on leur enseignerait à conduire des chevaux avec douceur, et les maîtres qui entendent leurs intérêts ne devraient jamais prendre des charretiers ailleurs que dans ces écoles.

A la pluie torrentielle avait succédé un soleil radieux, la terre était séchée et les arbres reverdis. Le moment était favorable pour continuer sa promenade. D'ailleurs

le repas était terminé et, les forces réparées,
on ne demandait plus qu'à remuer, (exacte-
ment comme le chat Mouton, mais non pas
pour aller à la chasse.) On remonta en voiture pour entrer dans le village. Quelques-
uns des enfants, ayant déjà oublié la mort
du pauvre cheval, riaient et frappaient dans
leurs mains. Les plus sérieux étaient pensifs.

C'est un bon indice chez l'enfant que
de ne pas oublier trop vite les souffrances
qu'on lui a décrites. — Adrien, encore
ému, revint sur la triste fin de ce pauvre
cheval et sur son bourreau.

— Monsieur, dit-il au maître, c'est bien
affreux de penser qu'il y a des hommes
assez méchants pour assommer une pauvre
bête qui fait tout ce qu'elle peut pour leur
être utile ; mais qu'il est affreux aussi de
songer que l'homme habituellemement cruel
peut devenir criminel et porter sa tête sur
l'échafaud !

JEAN DE NAMUR. — C'est malheureusement
une chose qu'on pourrait poser en principe :
*L'homme habituellement cruel, a tout ce
qu'il faut pour devenir criminel.* Je dis
plus : La cruauté envers les animaux conduit droit au meurtre de l'homme. Je ne
serais donc pas en repos, si j'avais à mon

service un homme cruel envers les animaux.
La douceur dans les mouvements indique
la douceur de la pensée. Il y a des moralistes qui vont plus loin et qui veulent que
l'homme soit doux, non-seulement en ac-
tions, mais en paroles. On lit dans le *Théâtre
d'Agriculture de Liger*, ceci :

« C'est une mauvaise habitude, en conduisant les chevaux, que de leur dire des
injures; rien n'est plus inutile que de que-
reller des bêtes et leur faire des reproches,
c'est être plus brutal qu'elles. »

Puisque je voulais vous raconter une histoire, en voici une qui a trait à la punition,
souvent trop douce, infligée aux charretiers
qui maltraitent leurs chevaux.

ROCH ET SON MAITRE

Le charretier d'un marchand de charbon,
ayant tué son cheval, par ses mauvais traitements, on en avertit son maître qui arriva
sur le lieu de l'accident au moment où l'on
allait verbaliser. Amende et prison s'en sui-
vaient; mais le patron suspendit l'action de
la justice en disant : — Laissez-le; je me

charge de le punir. — Le lendemain, il fit charger la voiture, beaucoup moins que pour son cheval, mais de manière qu'elle fût assez lourde pour un homme, et appelant son charretier il lui dit : — Comme je n'ai pas le moyen d'acheter un nouveau cheval, vous allez traîner la voiture vous-même et c'est moi qui vous conduirai. — Le charretier s'emporta d'abord, mais il feignit de se soumettre, avec l'arrière-pensée de quitter son maître aussitôt qu'il trouverait une autre place.

Au premier pas qu'il fit, il trouva la voiture un peu lourde et pensa qu'il valait mieux la conduire que de la traîner. Pendant qu'il faisait cette réflexion, le maître faisait claquer son fouet en disant :

— Marche donc, fainéant, nous n'arriverons jamais.

— Fainéant! un homme qui se donne tant de peine ! dit le charretier.

— De quoi te plains-tu ? N'est-ce pas le nom que tu donnais à ton cheval qui certes avait bien plus de peine que toi.

Plus loin, le terrain devint mauvais; les roues s'enfonçaient dans les ornières et le charretier, glissant, ne pouvait plus marcher. Il s'arrêta.

— Pourquoi t'arrêtes-tu? dit le maître.

Tu as donc des caprices, des lubies, des en-
têtements?

— Nullement ; je ne puis avancer.

— Que faisais-tu à ton cheval quand il ne
pouvait avancer? tu lui donnais force coups
de fouet, force coups de pied, tu jurais;
faisons de même, cela t'aidera peut-être.

— Cela ne m'aidera pas, Monsieur, vous
le savez bien ; poussez plutôt à la roue.

— Ha! vraiment! voilà que la science du
charretier te vient quand tu prends la place
d'une bête de somme. Pourquoi donc ne
poussais-tu pas à la roue quand ton cheval
ne pouvait pas marcher?

Quelques pas plus loin, il fallut gravir
une côte. Le charretier s'arrêta, souffla et
dit :

— Reposons-nous.

— Tu ne te reposeras pas et tu marcheras
aussi vite que sur un terrain plat.

— Oh! Monsieur, soyez humain! les
forces de l'homme ont des bornes.

— Et les forces de la bête, est-ce qu'elles
n'en ont pas? C'est dans un pareil moment
que tu as tué mon pauvre cheval, en le frappant du manche de ton fouet sur la tête.
Lui aussi te disait par son regard, par ses
efforts inutiles : « Pitié; les forces du cheval ont des bornes ; ce que tu me demandes,

je ne le puis faire. » Et tu lui as répondu en l'étendant roide mort. Je ne t'appellerai pas animal, ce nom t'honorerait trop; je t'appellerai brigand, assassin et je serais bien tenté de te donner sur le dos les coups de manche de fouet que tu assènes si bien sur la tête; mais je suis humain et ne veux pas te faire souffrir. Monte donc la côte comme tu l'entendras et à ta fantaisie.

Le charretier monta très-doucement, priant le maître de placer des pierres sous les roues de derrière, à mesure qu'il avancerait, afin de ne pas perdre le terrain gagné. L'amour de sa propre personne éveilla en lui la compassion et lui donna l'intelligence. Mais après cette bonne leçon, le maître le congédia sans vouloir répondre de lui. Cette expulsion le punit plus que 15 francs d'amende.

PÉRIL SANS GLOIRE

Tout en causant, Jean de Namur et ses élèves arrivèrent dans l'intérieur de N***. Rien n'était plus gai que l'aspect de ce village. Les hommes avaient revêtu leurs plus beaux habits ; les femmes étaient parées de couleurs éclatantes. On allait et venait en tenant de joyeux propos ; on dansait au son des violons et de la clarinette ; on buvait en plein air ; le saltimbanque appelait le public avec force roulements de grosse-caisse ; on reconnaissait à cette joie, à ce mouvement, une fête de campagne, un de ces jours faits pour réjouir le cœur. Tous les élèves battirent des mains à cette vue et le maître les ayant fait descendre de voiture, ils se mêlèrent à cette joie commune.

Ils montèrent sur des chevaux de bois, ils jouèrent au jeu de bague, ils se mêlèrent aux danses et augmentèrent la joie de ce jour de toute la gaîeté franche et pure de l'enfance.

Rien de ce qu'on réunit en ces circonstances pour amuser le peuple ne fut oublié par eux ; mais hélas, il faut le dire, les fêtes villageoises sont un peu l'expression du caractère d'un peuple ; s'il y a telles parties de la fête qui peignent ses vertus ou sa prospérité, il y en a d'autres qui peignent ses mœurs et même ses vices. On devrait supprimer celles-ci ; car si les fêtes se moulent sur le caractère d'un peuple, l'âme se façonne aussi sur les spectacles qu'on lui présente et elle garde plus facilement l'empreinte du mal que celle du bien. Et cette empreinte du mal devient une infirmité dont on ne s'aperçoit pas soi-même, mais qui révolte les âmes candides.

C'est ce qui arriva aux élèves de Jean de Namur, natures primitives, non flétries par l'habitude des spectacles repoussants.

Ils étaient arrivés près d'une rivière qui était aussi un des théâtres de la fête ; mais ce qui s'y passait n'avait rien qui pût attirer une âme honnête.

Un homme était dans l'eau et nageait vers un but; ce but était une malheureuse anguille suspendue par une corde. L'homme atteignit l'anguille, ouvrit la bouche et y engloutit la tête de la pauvre bête, en serrant les dents. A ce moment, on remonta la corde et l'homme se trouva suspendu à la tête de l'anguille qu'il essaya vainement de couper avec ses dents; n'y pouvant réussir, il retomba à l'eau et un autre homme se jeta à la nage, pour aller à son tour mordre la tête de cette pauvre anguille qui souffrit ainsi les morsures de quatre individus avant de mourir. Enfin, un homme à dents de requin et qu'on pourrait justement appeler une forte mâchoire, retomba dans l'eau avec la tête du poisson dans la bouche; il était vainqueur.

Ce jeu ignoble s'appelle le tir à l'anguille.

Tous les élèves en eurent horreur et demandèrent à Jean de Namur comment on permettait de pareilles choses.

— Ce jeu est défendu, dit-il, mais on le continue en dépit des lois et des punitions. L'horreur qu'il vous inspire fait votre éloge, mes enfants, comme ce reste de barbarie fait honte à ceux qui le maintiennent.

Mais vous qui serez les chefs d'une génération civilisée, vous garderez le souvenir de cet ignoble usage pour le supprimer des mœurs.

Quelle que soit l'infériorité d'intelligence de l'animal, nous n'avons pas le droit de le faire souffrir. En nous permettant de faire notre nourriture des animaux, Dieu nous a défendu de les torturer; nous devons même en leur donnant la mort, la leur donner de la manière la moins douloureuse. Couper par morceau une carpe ou une anguille vivante, jeter des écrevisses vivantes dans l'eau bouillante, arracher les cuisses des grenouilles quand elles sont en vie, sont des actes de cruauté dont nous ne nous rendons pas compte, parce que nous oublions sans cesse que tout ce qui a vie a le sentiment de la douleur, et ces actes se renouvellent chaque jour. Il y a des cuisinières qui laissent toute la journée des carpes vivantes hors de l'eau. C'est leur infliger une longue agonie et rendre leur chair moins bonne. Le poisson est créé pour vivre dans l'eau; hors de son élément, il souffre. Nous devons tuer les poissons aussitôt qu'ils sortent de la rivière ou du baquet où on les a conservés pour nous alimenter. Tuer les animaux, voilà notre droit le plus sévère; il est déjà assez triste sans que nous ajoutions le droit abusif de tourmenteurs.

Il est bien triste aussi que l'homme, cette intelligence si supérieure, ne puisse pas vivre sans s'abreuver de sang et se gorger de chair; nous devrons en avoir une honte douloureuse en pensant à ces temps primitifs où l'homme innocent et fort, se nourrissait de fruits et les offrait au Créateur de toutes choses, comme le sacrifice le plus parfumé et bien plus agréable à son cœur que celui qu'on lui fit plus tard avec effusion de sang.

Le péché de l'homme, l'affaiblissement de la constitution humaine, voilà les causes qui l'ont porté à chercher dans la vie des animaux le soutien de la sienne. Il ne faut pas de ce besoin de si triste origine, faire un sujet de gourmandise et transformer ce besoin en instinct carnassier... »

Le maître parlait encore lorsque Jérôme lui fit signe que quelqu'un lui souriait. Au même moment, un homme frappa sur l'épaule de Jean de Namur en lui disant :

— Eh bien, Monsieur le maître, que pensez-vous de mon adresse ? J'ai coupé la tête de l'anguille comme avec un tranchet ; personne ne peut rivaliser avec moi, je suis connu pour le premier tireur à l'anguille.

— C'est une triste célébrité, reprit Jean de Namur, en reconnaissant l'homme aux dents de requin qui, ayant quitté l'arène liquide, s'était habillé et s'avançait triomphalement au milieu de ses concurrents dans l'art de décapiter les anguilles vivantes ; c'est une triste célébrité, car cela prouve que vous êtes coutumier des usages barbares et de l'infraction aux lois.

— C'est vrai, un arrêté de police défend le tir à l'anguille. A ce sujet même, je me suis demandé comment l'autorité pouvait s'occuper de semblables choses.

— Monsieur, quand l'autorité édite une loi, il ne faut pas vous demander pourquoi, comment, à quelle fin elle agit ; vous devez être persuadé qu'elle a en vue l'utilité publique ou la moralité ; si le but qu'elle se propose demeure caché à vos yeux, ses décrets n'en sont pas moins sages et peuvent se passer de votre contrôle. Moi, je vois une haute sagesse dans toute loi qui prescrit à l'homme de respecter l'œuvre de Dieu, de ne pas se faire un jeu de la souffrance, mais de monter d'un échelon dans la civilisation, en abolissant petit à petit, des coutumes apportées par les peuples barbares.

— Voyons, mon brave Monsieur, dit le tireur ; franchement y a-t-il bien du mal à s'exercer les dents sur le cou d'une anguille ?

— Oui, il y a mal. Il y a mal dans la souffrance, il y a mal à affliger les bonnes natures qui réprouvent ces choses et qui les voient comme nous, sans les chercher. Si j'étais agent de l'autorité, je vous prouverais qu'on ne viole pas impunément les lois.

— Monsieur, vous parlez en homme convaincu, je dois vous croire, puisque vous êtes un savant et moi un ignorant ; je dirai plus : pour vous prouver le cas que je fais de votre jugement, je me convertis à vos principes et renonce pour jamais à ce jeu que vous venez de flétrir d'une manière si éloquente.

— C'est bien. Vous êtes un homme sensé et dès ce jour vous prenez vos grades en ci-

vilisation. Touchez-là, ajouta Jean de Namur, en lui tendant la main ; déjà je vous
considère comme mon ami.

— C'est un titre qui me flatte et que je
m'efforcerai de mériter, dit l'homme en
mettant sa main dans celle du maître ;
puissiez-vous devenir aussi l'ami de ces
hommes, encore plus cruels que moi, qui,
pour leur amusement, font jeter par une
pauvre bête les cris que vous entendez.

En effet, des cris de douleur se faisaient
entendre à peu de distance du lieu où l'on
se trouvait.

Jean de Namur fit un mouvement d'indignation et dit :

— Que se passe-t-il donc ?

— Je vais vous y conduire, répondit
l'homme à l'anguille, venez et vous verrez.

—————

AUTRE JEU QUI N'EST PAS INNOCENT

C'était vraiment quelque chose de hideux
que ce qui se passait dans un endroit écarté
où l'on espérait tromper la surveillance de
la police.

Une oie vivante était attachée et suspen-

due par le cou, et un homme, les yeux
bandés, armé d'un bâton, était obligé de
séparer le cou du corps de cette pauvre
bête.

Cela s'appelle le *tir à l'oie*.

Or, remarquez bien le raffinement de
cruauté de ce jeu abominable : Si l'homme
qui voulait donner la mort avait vu clair,
l'oie eût été tuée de suite et aurait peu souf-
fert ; mais il faut le dire avec horreur, les
spectateurs ne se seraient pas amusés ; ce
ce qu'il fallait pour amuser ces hommes,
devant lesquels les tigres se croiraient des
agneaux, c'était la souffrance prolongée,
c'étaient les convulsions de la mort sans
mourir. C'est pourquoi le tueur ne devait
pas voir clair ; il faisait ainsi cent blessures
au lieu d'une, et son bandeau n'était autre
chose qu'un insigne de dépravation ; et les
yeux qu'il couvrait ne perdaient rien à être
cachés, ils devaient être hideux, car les
yeux sont le miroir de l'âme.

A cette vue, le maître s'écria :

— C'est horrible ! je me croyais au mileu
d'un peuple chrétien, et je suis parmi des
sauvages.

Enhardis par ces paroles, tous les élèves
s'écrièrent :

— A bas le tir à l'oie !

Et chacun séparément.

ADRIEN. — Nous sommes des hommes, nous ne sommes pas des panthères.

JÉRÔME. — Les animaux sont l'œuvre de Dieu; anathème à celui qui torture son œuvre !

PAUL. — Dieu est le père de tout ce qui vit ; les animaux sont nos frères inférieurs, nous devons les traiter en frères.

PHILIPPE. — Celui qui est insensible à la douleur des animaux, l'est toujours à la douleur de l'homme.

CHARLES. — Les jeux barbares font les grands criminels. Horreur ! horreur !

Ces clameurs avaient interrompu le tir; le tireur avait levé son bandeau, et l'arme à la main, il regarda en riant les nouveaux spectateurs et dit :

— Que viennent faire ces messieurs parmi des sauvages ? Si le jeu leur déplaît, qu'il passent leur chemin.

— Nous venons te donner une leçon, camarade, répondit le tireur à l'anguille. Pour mon compte, j'ajouterai quelque chose aux sentiments qu'on vient de t'exprimer ; ce quelque chose est positif, énergique, le voici : Je clos ce tir ignoble en délivrant la victime.

En disant ces mots, l'homme coupa la

corde qui retenait l'oie et emporta la pauvre bête toute palpitante. Mais ces hommes, ou plutôt ces bourreaux, voulurent s'y opposer; alors le tireur à l'anguille leur dit :

— Je la porte chez le bourgmestre, comme preuve à conviction de votre délit; si vous la voulez, venez l'y chercher.

Cette réponse termina le débat; on ne va pas au-devant de sa condamnation, et ces hommes se sentaient trop coupables pour suivre leur camarade chez le magistrat chargé de les punir. Ils prirent la résolution la plus sage, ce fut de ne plus recommencer.

— Voilà encore une victoire, voilà encore un pas de fait dans la voie de la bonté, dit le maître à ses élèves, en traversant de nouveau la place de la fête; ces hommes ne violeront plus les lois, j'en ai la douce confiance.

Que ne puis-je, mes enfants, aller ainsi de ville en ville, disant à tous ceux qui se détestent : « Aimez-vous; » à tous ceux qui se nuisent : « Protégez-vous; » à tous ceux qui tuent; « Laissez vivre; » à tous ceux qui font souffrir : « Soulagez. » Dans quelle harmonie vivraient toutes les créatures, si les hommes étaient bien pénétrés de cette loi d'amour qui fait la base de l'Évangile et qui unit tous les êtres de la création en une seule famille !

Mais que de funestes usages existent encore qui entretiennent la dureté dans les cœurs ! les combats de dogues dont je vous ai déjà parlé sont de ce nombre.

Je me rappelle qu'un jour, passant à Bruxelles, dans un quartier désert, j'entendis de grands éclats de rire mêlés à des cris féroces. M'étant approché, je vis deux dogues s'étreignant, se mordant avec rage. Ils étaient tout sanglants, et je me demandais si l'un des deux vivrait encore après la lutte.

C'était un combat de dogues, funeste usage, subsistant encore, quoique défendu.

Les hommes réunis là, trouvaient à ce spectacle une joie barbare et cette joie donnait à leurs traits une expression d'hébêtement farouche assez ordinaire aux criminels.

Ce n'étaient pourtant point encore des scélérats, mais il ne leur fallait pas descendre beaucoup pour le devenir, comme j'eus l'occasion de m'en apercevoir.

L'un des dogues ayant mis son adversaire hors de combat, les hommes s'en allèrent. Je marchais derrière eux. Bientôt deux d'entre eux se prirent de querelle et finirent, à l'exemple des deux dogues, par se terrasser et se mordre. Mais les autres hommes, démoralisés par l'habitude de voir des combats sanglants, assistèrent impassibles à cette lutte. L'insensibilité aux souffrances des animaux s'était étendue aux souffrances des hommes. Que manquait-il aux deux lutteurs pour en faire des assassins? Il leur manquait une arme... J'ouvris la bouche pour leur dire : « Aimez-vous. » Mais ils ne m'entendirent point; ce mot n'avait plus de sens pour eux. La vue du sang avait obscurci leur jugement; ce n'étaient plus des hommes.

UNE COURSE ÉCHEVELÉE

Jean de Namur et ses élèves allaient sortir de l'emplacement de la fête, quand Joseph demanda la permission de gagner des macarons.

Ayant poussé l'aiguille du cadran, elle s'arrêta sur le chiffre *douze*.

Joseph frappa dans ses mains et, en ami généreux, il distribua ses macarons entre ses camarades qui ne se firent point prier, et tombèrent sur cette friandise avec un empressement peu discret.

Adrien seul laissa prendre sa part, préoccupé qu'il était d'un écriteau, cloué à peu de distance de la boutique aux macarons, et sur lequel on lisait : *Ici on loue des ânes.* Il ne se détourna que pour supplier le maître de lui permettre de monter à âne. Il répondit :

— Je ne demande pas mieux, mes enfants, si vous avez de l'argent et que vous ne fassiez pas trop attendre le bon Pinacker qui doit désirer se remettre en route.

— Nous en avons, dirent à la fois, Paul, Adrien, Charles et Philippe, courons chez l'ânier.

Arrivés près de l'écriteau indiquateur, ils aperçurent un seul âne; tous les autres étaient loués.

Un âne pour quatre! c'était un peu court, et pourtant c'était providentiel, car, bourses vidées, nos quatre élèves n'avaient chacun que cinq sous, ce qui constituait la location d'un seul. Mais un écolier n'est jamais embarrassé, et Adrien adressa à l'ânier cette allocution courte et catégorique :

— Monsieur l'ânier, nous sommes quatre qui possédons chacun cinq sous; nous n'a-

vons qu'un quart d'heure pour nous promener, donc nous voulons monter tous les
quatre ensemble sur cet âne.

Un grand éclat de rire de l'ânier salua
cette proposition originale, puis se calmant,
il leur dit :

— Voulez-vous donc éreinter mon âne,
mes beaux petits Messieurs?

— Oh! non, Monsieur, nous ne l'éreinte-
rons pas, dit Joseph ; petits comme nous le
sommes, nous ne pesons pas plus qu'un
homme tous ensemble.

— C'est égal, mes petits amis, vous mon-
terez deux à la fois, pas davantage, et au
lieu d'un quart d'heure, vous garderez mon
âne vingt minutes; dix minutes chaque fois,
je ne vous demanderai pas plus que vous
ne m'offrez; est-ce entendu?

— Oui, oui, s'écrièrent les enfants, vous
êtes un brave homme; vous donnez plus
qu'on ne vous demande.

Adrien et Joseph sautèrent sur l'âne, et
tous les élèves les suivirent, voire même le
bon Jean de Namur qui soufflait bien un
peu à courir si vite, mais qui riait de tout
son cœur des allures du baudet et de ses
cavaliers, car il faut dire que maître Ali-
boron, après avoir exécuté des manœuvres
de plus ou moins haute école, les avait ter-

minées par une course furibonde dans laquelle nos deux cavaliers, craignant d'être démontés, avaient pris des mesures de salut; ainsi Adrien avait passé ses bras autour du cou de l'âne et Joseph avait passé les siens autour du cou d'Adrien. C'était une tenue peu conforme aux règles de l'équitation; mais que ne fait-on pas pour se préserver d'une chute! D'ailleurs nos cavaliers n'étaient pas écuyers de l'Hippodrôme.

Au bout de quelques minutes, Philippe et Charles montèrent sur l'âne avec non moins de grâce qu'Adrien et Joseph, puis on ramena le coursier chez lui, avec un bouquet de houx sur l'oreille.

Il fut accueilli à son arrivée par les braîements d'un autre âne, attelé à une petite voiture arrêtée devant la porte de l'ânier. Cet âne et cette voiture appartenaient à un marchand forain qui s'était arrêté là pour faire boire et manger sa bête. Charles, supposant sans doute que les ânes ont le privilége de réparer leurs forces uniquement en travaillant dit :

— Voilà la première fois que je vois un voiturier s'arrêter pour faire manger son âne.

Le voiturier lui dit :

— Croyez-vous donc, mon petit ami, qu'on puisse vivre longtemps en dépensant

ses forces sans jamais les renouveler? L'âne
tout sobre qu'il est, vit d'autant plus vieux
que le travail et la nourriture sont également répartis; bien traité, il rend de bons
services jusqu'à son dernier jour. Ainsi l'âne
que vous voyez là a quatorze ans et il est
aussi vigoureux que dans sa jeunesse; si
je ne l'avais pas soigné, il serait usé depuis
longtemps et il m'aurait fallu en acheter un
autre. Les soins que nous donnons à nos
bêtes se changent donc en pièces de monnaie dans notre bourse, sans compter que le
cœur trouve bien sa part à rendre heureux
un vieux serviteur.

Charles ne répondit mot; il sembla réfléchir sur ces paroles. Mais quand on eut re-
joint Pinacker et que tout le monde fut re-
monté dans la voiture, il dit à Jean de
Namur :

— Les soins que nous donnons à nos
bêtes se changent en pièces de monnaie
dans notre bourse, je comprends cela, mais
j'aimerais mieux soigner une plus jolie bête
que l'âne.

Jean de Namur. — Ce que vous dites-là
dénote un jugement bien superficiel, mon
ami. Nous devons estimer les créatures pour
leurs qualités et leurs services, et non pas
pour leur beauté.

L'âne est actif, patient, courageux et
sobre; voilà ses qualités individuelles. Actif
et courageux, il fait le travail d'un animal
plus fort; sobre, il est le cheval du pauvre;
il coûte peu à loger, il coûte peu à nourrir
et s'accommode de toute espèce d'aliments.
Tous ces avantages ne rachètent-ils pas le
peu d'élégance de ses formes et le manque
de mélodie de sa voix? Rappelez-vous bien,
Charles, que l'utilité est la fin de tout être
créé et qu'on n'a pas besoin de beauté pour
être utile.

LES BIENFAITEURS MÉCONNUS

Etienne — Monsieur, vous venez de dire
que la fin de tout être créé est l'utilité ; cela
me rappelle une discussion que mon père
avait l'autre jour avec son jardinier au sujet
de taupes. Le jardinier disait que ce sont
de mauvaises bêtes qui dévastent les jardins,
qui nuisent aux prairies, et mon père, répondait qu'elles sont très-utiles pour détruire
des animaux nuisibles. Je suis sûr que mon
père avait raison.

Jean de Namur. — Certes, votre père
avait raison ; il parlait en homme instruit,

en observateur et en protecteur de l'agriculture.

Comme je vous l'ai dit; pour bien des gens, le préjugé tient lieu de science. On croit une chose, parce qu'on l'a entendu dire, mais rarement par ce qu'on l'a étudiée. Pourtant, l'étude en tout est nécessaire, et l'observation conduit à l'étude.

La taupe est un de ces animaux méconnus qui prouvent une fois de plus la sotte crédulité des hommes en sa longue durée ; car on ne s'est pas seulement trompé sur les services que rend cet animal mais on s'est aussi trompé sur son organisation, en le croyant privé d'yeux, et cette erreur, que tout le monde peut vérifier, a duré deux mille ans.

C'est avec la même légèreté et la même insouciance qu'on adopte tout préjugé, et c'est avec une peine infinie qu'on obtient des hommes qu'ils reviennent sur ce que leurs pères ont cru sans examen.

De nos jours enfin, on a découvert les yeux de la taupe et les services qu'elle rend.

On a donc cru pendant longtemps que les taupes travaillant incessamment sous terre, mangeaient les racines des plantes. Cette erreur s'est repandue, a pris créance, et on a déclaré la guerre aux taupes, *guerre à mort*, guerre d'extermination.

Mais enfin le jour s'est fait sur le travail mystérieux de ces petits ouvriers mineurs, on a reconnu que, loin de nuire à la culture des jardins, ils y coopéraient d'une manière très-active.

Un illustre maréchal (1), membre de l'institut de France et protecteur de l'agriculture, a pris leur cause en main, s'est déclaré leur défenseur, et aujourd'hui, la taupe est reconnue d'utilité publique.

LUCIEN. — Quels services peut-elle donc rendre ?

JEAN DE NAMUR. — Ses services sont incontestables. Infatiguable mangeur de rats, de campagnols, de taupes-grillons, de surmulot, elle les poursuit avec une férocité proportionnée à son appétit qui est insatiable.

A défaut de rats et de mulots, elle se nourrit de vers de terre, de larves, de hannetons et de papillons ; mais éminemment carnassière, elle préfère les gros animaux, et les plantes ne sont nullement de son goût.

Ce qu'elle consomme d'animaux rongeurs est incalculable. Ces animaux causent un

(1) Le maréchal Vaillant.

préjudice énorme aux récoltes. Les vers blancs du hanneton suffisent seuls pour détruire des récoltes entières.

La taupe est d'autant plus utile de nos jours que les petits carnassiers qui l'aidaient dans la destruction des larves de hannetons, ont déserté les pays où l'on a détruit les haies, les buissons, et les ravins boisés qui leur servaient de refuges, et que la destruction des grands arbres où se multipliaient les oiseaux, grands mangeurs de hannetons, a aussi éloigné de nous ces auxiliaires utiles.

Il ne nous reste donc plus que la taupe pour cette grande épuration souterraine; conservons-la.

GEORGES. — Ainsi, Monsieur, en aucune circonstance, les taupes ne mangent les plantes ?

JEAN DE NAMUR. — En aucune . Cela est prouvé par un savant (1) qui en a fait l'expérience, en gardant chez lui des taupes. Il a reconnu qu'elles se laissaient mourir de faim, plutôt que de manger la moindre substance végétale.

PHILIPPE. — Notre jardinier a pourtant

(1) Flourens.

assuré avoir vu des plantes rongées par les taupes.

JEAN DE NAMUR. — Votre jardinier confond sans doute la taupe avec le grand campagnol qui ronge en effet les racines; mais pour la taupe, elle s'en garderait bien.

Elle rend encore un autre service bien important, dont elle n'a pas conscience, mais qui répond merveilleusement aux vues de Dieu qui l'a créée. Comme elle passe presque toute sa vie sous terre, elle creuse de nombreuses galeries souterraines, par lesquelles l'air circule et vient vivifier la racine des plantes. Ces galeries servent encore à laisser pénétrer les eaux dans le sein de la terre. Donc, si elles ne creusaient pas ces galeries, il faudrait payer des ouvriers très-cher pour faire un travail équivalent au leur.

LUCIEN. — N'est-ce pas en creusant ces galeries que les taupes forment ces petits amas de terre qu'on nomme taupinières ?

JEAN DE NAMUR. — Précisement. Dans les prairies, ces petits monticules, soulevés par les taupes, servent de labour; grâce à ce travail des taupes, les terres sont remuées du fond à la surface où elles viennent s'imprégner de toutes les substances gazeuses ou solides que l'air ou la pluie tiennent en suspension. Cette terre si fine, répandue sur les prés , alimente l'herbe et lui donne une grande vigueur.

Les taupinières sont donc un second bienfait des taupes.

Auguste. — Ce sont pourtant les taupinières qui font le désespoir des faucheurs.

Jean de Namur. — C'est au cultivateur à détruire cet obstacle en le faisant tourner au profit de ses terres.

Comme la taupe ne parcourt guère que les prairies naturelles ou artificielles, et qu'elle ne produit de nombreuses taupinières qu'avant la première pousse de l'herbe, attendu que, plus tard, les êtres dont elle se nourrit s'enfoncent plus profondément dans la terre, pour éviter la trop grande sécheresse et elle également ; comme c'est au mois de mai que la taupe cesse de former ses taupinières, l'herbe n'étant pas encore poussée, rien n'est plus facile que d'étendre à la surface du sol ces petites élévations de terre dont l'excellente qualité fait un engrais précieux.

Etienne. — Monsieur le maître, qu'arriverait-il si les larves de hannetons n'étaient pas détruites par les taupes ?

Jean de Namur. — Il arriverait que toutes les prairies seraient déssechées, l'herbe étant rongée à sa racine.

Ces dégats peuvent être immenses.

L'illustre maréchal, cité plus haut, dit que, dans les jardins royaux de Postdam, il a fallu retourner une pièce de gazon de six arpents que les vers blancs avaient complètement détruite. Ces vers ayant été ramassés pendant qu'on bêchait la terre, ils remplirent vingt-quatre boisseaux.

SYLVAIN. — Et les taupes auraient mangé tout cela ?

JEAN DE NAMUR. — La voracité de ces petits animaux est si grande qu'il faut chaque jour à une taupe, une quantité de larves et de vers blancs égale à quatre fois le volume et le poids de son corps.

Donc, si vous voulez avoir des arbres, si vous voulez avoir des prairies, laissez vivre les taupes qui mangent les larves dans les profondeurs de la terre et laissez vivre les moineaux qui mangent les hannetons, producteurs de ces larves.

UNE OMBRE SUR LE CHEMIN

On traversait alors un petit village à rues si étroites, que la voiture rasait les murs;

9

force lui fut bientôt de s'arrêter, car un attroupement de quelques personnes rendait
le passage impossible. Cet attroupement
s'augmentait incessamment de nouveaux
venus qui accouraient en demandant : —
Qu'est-il arrivé? — Question qui demeu-
rait sans réponse. Mais en fendant la foule,
on apercevait devant une masure, de sordide
apparence, un jeune enfant évanoui auquel
son père prodiguait des soins. Et comme
l'intérêt redoublait et que cette situation
n'était comprise par personne, le maître s'a-
visa de demander ce qui avait causé cet
accident.

Alors, le père de l'enfant se retourna et
dit :

— Monsieur, c'est mon fils qui est évanoui, et il est évanoui, parce qu'on n'a pas
encore aboli le funeste usage de tuer les
animaux dans les boutiques, de les tuer
dans les maisons.

Ceux qui tolèrent de tels usages ne songent pas aux désordres intellectuels que la
vue de ces tueries peut produire sur des
natures sensibles et impressionnables; ils ne
songent pas non plus aux conséquences
immorales qui dérivent de l'habitude de voir
couler le sang ; conséquences dangereuses
chez l'enfant qui n'a encore ni jugement, ni

discernement, et qui regarde ces exécutions comme des actes ordinaires de la vie.

Ces conséquences, ne fussent-elles que d'endurcir le cœur, ce motif serait assez grave pour qu'on demandât l'abolition de cette coutume.

D'ailleurs, nul n'a le droit d'imposer aux cœurs sensibles la vue d'un spectacle révoltant, bien que d'autres le jugent insignifiant; nul n'a le droit d'impressionner désagréablement, de contrister le passant ou le voisin.

Votre métier est de tuer, dirai-je à ceux qui ont cette pénible charge ; il faut tuer les animaux dont nous faisons notre nourriture, soit; mais cachez-vous, ne permettez jamais à un enfant de regarder ces convulsions de la mort, ces effusions de sang. S'il est méchant, vous développez ses mauvais instincts; s'il est bon, vous portez le trouble dans ses organes.

Je ne m'étonne pas que mon fils, qui n'a jamais pu tuer une mouche, se soit trouvé mal en voyant égorger un porc.... mais il revient à lui.... oui, ses yeux s'entr'ouvrent.... ô mon fils, reviens à la vie pour être ma joie par ton bon cœur.

Et le père embrassa son fils, et le prenant dans ses bras, il l'emporta.

Et la foule se dispersa en disant :

— Il a raison; on ne doit pas tuer en public. Qui sait si la première idée du meurtre ne naît pas, pour les mauvaises natures, à la vue de ces égorgements?

Et d'autres ajoutaient :

— En attendant l'interdiction de cet usage, nous défendrons à nos enfants de regarder tuer. Notre intérêt personnel exige que l'imagination de nos enfants ne soit pas souillée par l'effusion du sang.

Pendant ces propos, la voiture s'était mise en route et les enfants émus gardaient le silence.

La voix de Jean de Namur les tira de leurs réflexions.

Le maître leur dit :

— Après ce que vous venez d'entendre, je suis sûr, mes enfants, que tous vous détournerez les yeux, si jamais vous vous trouvez involontairement présents quand on donnera la mort à un de ces animaux dont nous nous nourrissons.

JACQUES. — Oh! oui, Monsieur; pour mon compte, je vous assure que je ne trouve aucun plaisir à voir tuer.

ADRIEN. — Moi, le seul récit de ces choses me fait horreur.

PAUL. — Moi, je me rappelle qu'une fois,

ayant vu tuer une poule, cela m'a tellement impressionné que j'en ai eu le cauchemar toute la nuit; il me semblait qu'on me coupait le cou et je criais si fort, que mes parents sont accourus. Quand ils ont su ce qui troublait mon imagination, ils ont juré que jamais poule ou autre bête ne serait tuée à la maison.

PHILIPPE. — Monsieur le maître, il y a pourtant des personnes qui appellent cela de la sensiblerie et qui disent : « Pourquoi mangez-vous donc ces animaux, puisque leur mort vous cause tant de déplaisir ? Soyez logique et, puisque vous ne voulez pas qu'on tue, ne mangez rien qui ait eu vie. »

JEAN DE NAMUR. — Il ne faut pas confondre la nécessité de tuer les animaux avec l'inutile et cynique publicité qu'on donne la plupart du temps à ces actes. C'est cette publicité qui est immorale, c'est cette publicité qui impressionne douloureusement, et il n'y a rien d'illogique à manger la viande d'un animal et à ne pas vouloir assister à sa mort. Ce sont de mauvaises chicanes que vous cherchent ceux qui ont le malheur de ne pas être sensibles ; il faut laisser tomber leurs raisonnements captieux, et se souvenir que la sensibilité est et sera toujours le ca-

chet des âmes d'élite ; que la sensiblerie, qui
n'est fondée sur rien, ne saurait trouver
place en ces circonstances, et que lors même
qu'il n'y aurait pas dans ces faits un sujet
de douleur pour l'homme, il y aurait toujours un sujet de démoralisation pour l'âme
et qu'à ce point de vue seul les enfants ne
doivent point en être témoins.

LE CHANT DE L'AVEUGLE

Mais un chant monotone et plaintif vint
interrompre leur causerie. C'était un aveugle
qui cheminait, conduit par son chien, en
chantant une complainte que la voix pleu-
reuse du pauvre homme rendait plus triste
encore.

Au bruit de la voiture il se retourna tout
d'une pièce et levant vers les voyageurs ses
yeux éteints, il dit :

— Messieurs, Mesdames, vous qui voyez
le ciel, soyez compatissants pour celui qui
marche dans les ténèbres et qui chante sans
aucune joie au cœur.

A ces mots, le bon petit Adrien se pencha
en dehors de la voiture qui s'était arrêtée et
dit :

— Il n'y a pas de dames parmi nous, mon brave homme ; nous sommes des écoliers avec leur maître, mais, si jeunes que nous soyons, nous compatissons à votre peine et je regrette bien d'avoir dépensé mes derniers sous pour monter à âne. C'est si triste de ne pas voir le ciel ni ce beau soleil qui réjouit le cœur ! Tenez, il ne me reste plus que ma bourse vide, je vous la donne ; elle a un fermoir d'argent, vous en ferez de la monnaie.

Mais comme il allait la jeter, le maître lui arrêta le bras en disant :

— C'est bien, mon ami, je suis content de cette bonne pensée, mais il vaut mieux donner cette pièce ; vos parents ne vous ayant pas autorisé à donner votre bourse.

Et il passa à Adrien une pièce d'argent que celui-ci jeta au brave homme, sans réfléchir qu'il ne pourrait pas la ramasser. Mais le chien, cette providence de l'aveugle, s'avança, prit la pièce dans sa gueule et, se levant sur ses pattes de derrière, il la remit à son maître.

Alors l'aveugle dit à son chien, en le caressant :

— Merci, mon Azor ; cette pièce est à nous deux, car, puisque tu partages mon malheureux sort, tu dois partager mes bon-

nes fortunes. Maintenant, mon chien, re-
mercie les bonnes âmes qui ont eu pitié de
nous.

Aussitôt Azor se mit au port d'armes et
envoya vers la voiture deux abois de reconnaissance.

— En vérité, c'est comme une personne,
dit Philippe.

— Moi, ce qui me préoccupe, dit Adrien,
c'est l'affliction de ce pauvre aveugle.

Et s'adressant à celui-ci, il ajouta :

— Dites-moi, mon brave homme, est-ce
que vos chansons ne vous font pas oublier
quelquefois votre infirmité ?

— Oh! non, bien au contraire, répondit
l'aveugle. Naturellement le chanteur regarde le ciel, et sa chanson est d'autant plus
gaie que son œil boit plus de lumière.....

L'aveugle n'acheva pas; il pleurait. Il
siffla son chien et partit, sans faire entendre
une seule note.

Quand la voiture eut repris sa marche, les
enfants se retournèrent du côté de Jean de
Namur. Ils le virent rêveur. Mais il sortit
bientôt de ses réflexions en s'écriant :

— Mon Dieu, conservez-nous la vue et
conservez-la à toutes les créatures qui en
sont douées. Quelle affreuse privation que
de ne plus voir les objets extérieurs, ces

merveilles que le Créateur a semées sous nos pieds et sur nos têtes ! Quelle privation surtout de ne plus apercevoir les visages aimés ! Quel supplice que de vivre éternellement comme dans un caveau muré ! Et quand je pense que de nos jours, en pleine civilisation, on inflige ce supplice à de charmantes créatures pour doubler, dit-on, la puissance de leur voix !.....

ADRIEN. — Est-ce possible, Monsieur ! Comment, il y a des hommes qui privent de la vue certaines créatures ! Quelles sont ces créatures victimes de la cruauté ?

JEAN DE NAMUR. — D'abord les oies que l'on engraisse pour rendre leur foie plus délicat, ensuite les pinsons. On leur crève les yeux, on détruit ce chef-d'œuvre de la main divine, on plonge dans une éternelle nuit ce charmant oiseau si gai, dont le chant nous réjouit, dont les services sont si utiles à l'agriculture, et cela sous le prétexte de lui donner une plus belle voix. Prétexte absurde d'abord. Les oiseaux sont comme les hommes, ils ne chantent jamais si bien qu'en regardant la lumière, mais ce prétexte fût-il vrai, l'homme n'a point le droit d'exercer une pareille cruauté. Cette cruauté, les Grecs la punissaient de mort. Nous, beaucoup trop indulgents, nous, la punissons d'une amende ; mais la flétrissure morale qui atteint l'homme qui la commet, est toujours la même, et l'homme honorable couvrira toujours de son mépris et éloignera scrupuleusement de sa personne le barbare qui mutile ainsi une créature de Dieu.

Si nous ne pouvons ramener ces hommes à des sentiments de compassion, fuyons-les ; car si leur intérêt l'exigeait, ils nous mutileraient aussi. Aux yeux du moraliste, le mal est le même, il n'y a de différence que dans la victime.

Voici une charmante histoire où le beau rôle appartient à un oiseau et à un enfant.

PLUS DE LUMIÈRE

Un jeune enfant vit chez un oiselier un pauvre oiseau aveugle qui paraissait fort triste, et, à cause de sa tristesse même, il voulut l'acheter, pensant qu'à force de tendresse il adoucirait son malheur.

Le marchand lui dit : « Vous faites un bon choix ; ce pinson chante mieux que les autres. — Ce n'est pas pour sa voix que je l'achète, mais pour son malheur, dit l'enfant. »

Il avait raison, car l'oiseau ne chantait

pas; ou si parfois il commençait une gamme,
il s'arrêtait court, et sa dernière note avait
une mélancolie suprême.

L'enfant lui donna une belle cage en
forme de palais; il y mit une baignoire en
cristal remplie d'eau bien claire. Mais
qu'importe la beauté des objets à celui qui
ne peut les voir ? et que fait au captif le luxe
de sa prison?

L'enfant n'épargna ni la salade, ni la
graine, ni le colifichet; mais l'oiseau était
toujours triste, et souvent il tournait la tête
et semblait chercher là-haut quelque chose
qu'il n'apercevait plus.

L'enfant pensant qu'il s'ennuyait, lui
donna une compagne. Celle-ci comprit sa
tâche et devint héroïque. S'apercevant que
le pauvre aveugle ne trouvait qu'avec peine
sa mangeoire, elle le guidait elle-même et
souvent lui donnait la becquée.

L'oiseau reconnaissant gazouillait de douces choses à sa compagne, mais il ne pouvait la voir.

Elle devint mère et le pauvre aveugle
sentit alors doublement sa misère. Il semblait que son infirmité lui devînt plus pénible à mesure que ses affections se multipliaient.

Les petits oisillons grandirent, gazouillèrent d'abord, et bientôt lancèrent vers le ciel leurs notes sonores.

A cette explosion d'harmonie, le pauvre aveugle écouta, regarda le ciel, se souvint de la lumière et entonna son hymne des anciens jours. Il chanta comme jamais il n'avait chanté depuis qu'on l'avait plongé dans la nuit, mais ce fut son dernier chant..... Il tomba de son perchoir comme étouffé par une joie incomplète.

L'enfant le prit dans sa main, le réchauffa, le conjura de vivre encore; mais le pauvre aveugle s'était souvenu de la lumière; il regarda le ciel une dernière fois et l'enfant entendit le dernier battement de son cœur.

UNE LEÇON BIEN APPLIQUÉE

En causant ainsi on était arrivé au bas d'une côte assez roide. Selon leurs principes de compassion, le maître et les élèves descendirent de voiture pour alléger la charge du cheval qui mettait ses forces à leur service. Comme ils posaient pied à terre, ils virent venir devant eux un homme qui conduisait deux bœufs à l'abattoir.

Les bœufs paraissaient venir de loin, car ils avaient les pieds tout poudreux; et leur fatigue était grande, car leurs genoux fléchissaient parfois, et leur regard langoureux semblait implorer l'homme et demander le repos.

Néanmoins, l'homme qui les conduisait leur assénait des coups d'un gros bâton, dont il était armé, sans pitié pour la faiblesse de ces pauvres bêtes.

A cette vue, Adrien s'élança vers l'homme pour arrêter son bras; mais avant qu'il l'eût atteint, un individu qui suivait de loin le conducteur de bœufs, le rejoignit et lui caressa les épaules de la même manière que le bouvier avait caressé ses bœufs, c'est-à-dire avec un bâton noueux et ferré, destiné aux brigands de grands chemins.

A ce point de vue, il avait vraiment trouvé sa destination, car pour faire d'un homme cruel un assassin, il ne faut que peu de chose; ce peu de chose est le besoin.

Or, le conducteur ainsi caressé se retourna en disant :

— Monsieur, vous me faites mal.

— Vraiment, je te fais mal! répondit l'inconnu; et pourtant, je suis loin de frapper aussi fort que tu frappais tes bœufs. Crois-tu donc qu'ils soient de bois ou de caoutchouc? Être sans jugement et sans raison, tu es donc plus brute que tes bêtes pour ne pas comprendre que chaque coup de bâton que tu leur donnes ôte vingt sous de ma poche. Car je suis boucher, sache-le-bien, et je sais par expérience que, grâce à votre brutalité stupide, un bœuf acheté sain et lourd, pèse dix kilos de moins quand il a passé par vos mains, messieurs les conducteurs de bestiaux, et sur la viande qui reste, il faut encore déduire les meurtrissures qui la corrompent et la rendent malsaine, et puis la perte de nos pratiques qui ne veulent pas se rendre malades par suite de l'ignorance d'une brute comme toi.

Frapper, jurer, voilà tout ce que vous savez faire, vous autres; vous êtes des machines à jouer du bâton et à blasphémer Dieu; vous ne savez ni ce que vous dites, ni ce que vous faites. Eh bien, ce que vous faites, sachez-le donc : Vous conduisez l'alimentation des hommes; vous devez éviter tout ce qui peut l'avarier. Vous conduisez la propriété du boucher; vous devez la lui transmettre intacte. Vous conduisez des créatures de chair et d'os comme vous; vous devez leur épargner toute souffrance.

Va, mon garçon; je plains ceux qui mangeront ces bêtes; je plains le boucher que tu lèses dans ses intérêts, et je vais causer un peu avec le bourgmestre de la manière dont tu détériores la marchandise. »

Ayant dit, le boucher disparut et le conducteur continua sa route en se demandant s'il n'allait pas payer de sa bourse la différence produite dans le poids de ses bœufs. Ces réflexions donnèrent du repos à son bâton et du répit à ses bêtes qui reprirent courage, et marchèrent d'un pas plus ferme à la mort.

Quand les deux hommes eurent disparu, les enfants gravirent la côte en se groupant autour de Jean de Namur qui causait avec Adrien. Celui-ci disait :

— Monsieur, en voulant défendre ces pauvres bœufs, je ne voyais que la souffrance qu'ils éprouvaient, mais j'étais loin de soupçonner que les mauvais traitements pussent avoir de si fâcheux résultats pour tout le monde.

Jean de Namur. — Beaucoup de gens pensent et sont comme vous, mon enfant; ils ignorent qu'ils sont les secondes victimes des brutalités qu'ils laissent commettre. S'ils le savaient, ils défendraient les mauvais traitements par intérêt personnel; oar si quelques hommes aiment les bêtes, tous les hommes aiment leur bourse et leur vie, et l'une et l'autre se rattachent en beaucoup de circonstances, aux bons soins donnés aux animaux.

Ce boucher a raison quand il dit que la viande meurtrie se gâte. En effet, à l'endroit où l'animal a reçu des coups, le sang s'extravase, les mouches se posent et la viande se corrompt.

La viande des animaux fatigués seulement est malsaine, et bien des maladies n'ont d'autres causes que la mauvaise qualité des viandes consommées.

Ce que ce boucher a dit des bœufs, il faut l'étendre à toute espèce de viande : aux moutons si doux et pourtant si maltraités, comme tout ce qui est faible et bon sous la domination des lâches; aux volailles entassées dans des paniers, liées ensemble par les pattes et jetées à la volée sur le pavé des marchés : tous sont des viandes échauffées, fort peu saines.

L'hygiène seule demanderait qu'on surveillât ces transports.

Il n'est ni salubre ni moral de macérer vivante la viande destinée à l'alimentation, de jeter des bottes de créatures pleines de vie comme on ferait de bottes de foin. Mais l'homme récolte ce qu'il sème : s'il sème la brutalité, la corruption, il récolte la fièvre.

PAUL. — Monsieur, je connais quelqu'un qui a été très-malade de la piqûre d'une sangsue : est-ce que ces bêtes-là peuvent-être malsaines ?

JEAN DE NAMUR. — Je le crois bien ! et toujours par la faute de l'homme. Voici comment :

Il y a en France des localités où l'on élève des sangsues dans des marais affectés à ces usages. Ces marais, exploités par des individus peu soucieux de la vie de leurs semblables, sont le théâtre d'actes de cruauté révoltants : On y fait entrer, pour être la proie des sangsues, des chevaux affaiblis par l'âge, le travail ou la maladie. Ces maladies sont quelquefois contagieuses. Ces sangsues se nourrissent de ces animaux qu'on ne voudrait pas toucher ; elles s'attachent à leurs flancs, à leur cou, à leurs jambes, boivent ce sang impur ou appauvri, et communiquent aux malades qui les emploient une maladie qui peut causer la mort.

Vous voyez qu'en cela même la compassion tournerait au profit de l'humanité, car si l'on ne livrait pas à la morsure de ces annélides des animaux vivants et malades, les accidents que je viens de vous signaler n'auraient pas lieu.

Ce déplorable usage n'existe pas dans votre pays ; je souhaite qu'il n'y pénètre jamais pour le repos des vieux chevaux et pour votre santé à tous.

Mais tenez, mes enfants, voici un spectacle plus consolant. Ici le cœur se dilate, parce que tout y vit selon les lois de la nature.

BIENHEUREUX CEUX QUI SONT DOUX

Le maître accompagna ces paroles d'un geste de la main vers un point du plateau situé en haut de la côte qu'ils achevaient de gravir. Là, une petite rivière coulait un peu au-dessous de sa source, claire et parfaitement guéable. Une jeune fille, jambes nues, ses souliers à la main, la traversait ; une vache la suivait, baignant ses pieds fauves, comme la jeune fille ses pieds roses, et leur clapotement dans l'eau se mêlait aux harmonies de ce lieu agreste. Harmonie des bruits du soir, où la clochette des chèvres vagabondes répondait au cri du grillon et aux bêlements des brebis attardées.

Harmonie des chants du crépuscule, chœur à mille voix, dans lequel le rouge-gorge et le pinson, la fauvette et le merle font leur partie et dont le brillant solo du rossignol est le final.

Tous ces virtuoses de l'air disaient à l'Éternel leur prière du soir, dans ce temple à voûte infinie que le soleil couchant éclairait de sa lumière mystérieuse en se plongeant dans l'horizon.

Jean de Namur sourit, regarda le ciel, et se tournant vers ses élèves :

— Ecoutez, mes enfants, dit-il : ici tout bénit Dieu. Regardez : tout repose l'âme et la vue.

Observez : tout remplit sa mission. Ah ! qu'il y a loin de ce tableau aux horreurs qui nous ont contristés tout le temps de notre route !

Adrien. — C'est vrai, Monsieur ; à la vue de ce paysage, je ne sais qu'elle consolation descend dans mon âme.

Jean de Namur. — Approchons-nous du bois qui est là-bas, nous nous assoirons quelques minutes en contemplant ce charmant paysage.

Après avoir fait quelques pas, ils virent, assis au pied d'un arbre, un homme vénérable, coiffé d'un chapeau à larges bords, vêtu d'une redingote boutonnée le long de la poitrine.

Cet homme feuilletait un livre qui paraissait moins l'intéresser que les objets extérieurs, car il levait souvent les yeux et paraissait s'unir à la vie de toutes ces créatures, marchant, aimant, ou chantant.

Les animaux semblaient le connaître, car une chèvre vint familièrement mettre le nez dans la poche de son habit, et un rouge-gorge se percha sur la tranche de son livre, en gazouillant quelques notes de sympathie.

La confiance du rouge-gorge émerveilla les enfants qui s'en approchèrent avec curiosité.

Jean de Namur demanda à l'inconnu s'il avait apprivoisé cet oiseau.

— Pas plus que les autres, répondit l'homme au livre ; pourtant tous viennent à moi comme celui-ci.

— Voilà un fait bien merveilleux, répliqua le maître ; je ne connaissais encore que saint François d'Assise qui eût eu le pouvoir de charmer ainsi les oiseaux, et comme les animaux placent toujours bien leur préférence, j'en conclus que vous êtes un saint ou un homme supérieur.

— Je suis tout simplement un homme

doux et compatissant; je me détourne pour
ne pas marcher sur une fourmi, je jette une
feuille dans l'eau pour sauver l'insecte qui
se noie, je m'associe aux joies de tout ce
qui vit et je souffre avec tout ce qui souffre.
Les uns m'appellent le brave homme, les
autres le bonhomme; je suis l'homme de la
nature.

JEAN DE NAMUR. — A mes yeux vous en
êtes le roi, puisque vous dominez les créatures par le seul ascendant de la douceur.
Mais vous venez de dire que cet oiseau n'est
pas le seul qui vous connaisse, est-ce que
les autres sont aussi familiers?

L'INCONNU. — Ils le sont tous chacun à sa
manière. Vous allez en juger par vous-
même.

Ayant dit, l'inconnu siffla d'une manière
toute particulière et aussitôt un essaim d'oiseaux de toute espèce s'abattit à ses pieds,
sur sa tête, sur ses bras.

Il les caressa tous et leur dit : soyez bénis,
mes frères, et retournez chanter les louanges
de Dieu.

Alors les oiseaux s'envolèrent, et l'inconnu se leva pour se promener avec le
maître, vers lequel il se sentait entraîné par
une sympathie spontanée.

Les enfants se pressaient auprès d'eux et

regardaient avec étonnement cet homme prestigieux. Tous ensemble se dirigèrent vers la partie boisée du plateau.

Pendant ce temps, Pinacker, un peu fatigué d'une journée aussi laborieuse pour lui et son cheval, s'était renversé sur son siége où il dormait d'un sommeil profond.

Les promeneurs entrèrent dans un taillis où les pas des chasseurs avaient laissé leur empreinte. L'inconnu les fit remarquer à Jean de Namur.

— Ici, dit-il, ont passé ce matin des hommes qui ne pensaient pas comme nous; je les ai vus, alertes et joyeux, s'apprêtant à dépeupler nos forêts ; ils n'étaient pas habiles tireurs, ils ont pris peu de chose; j'en ai remercié Dieu et je suis venu ici après eux pour consoler les habitants de ce bois.

— Comment! s'écria Jean de Namur, seriez-vous aussi aimé de ces tribus sauvages?

L'inconnu. — Pourquoi pas? Tout ce qui est traqué se tourne vers l'homme juste, tout ce qui est bon se tourne vers l'homme pacique. Désirez-vous voir ces amis d'un autre ordre?

Jean de Namur. — De grand cœur, s'il est en votre pouvoir de me les montrer.

Alors l'inconnu cria deux fois : Alfaragus! Alfaragus! et l'on vit accourir, de toutes les parties de la forêt, des daims, des biches et des chevreuils qui se mirent à suivre l'inconnu.

— Pour le coup, Monsieur, permettez-moi de vous dire que vous avez un charme, s'écria Jean de Namur.

L'INCONNU. — Oui, j'ai un charme, et ce charme le voici :

Un jour que je me promenais dans ce bois avec mon chien, *Alfaragus*, celui-ci était resté à distance ; je l'appelai pour qu'il ne se joignît pas à une meute que j'avais laissée derrière moi. Il revint, et en même temps, une biche, poursuivie par les chasseurs, accourut se jeter dans mes bras ; elle était suivie de son jeune faon. Je l'accueillis comme une victime, je la couvris de ma protection, je la retins près de moi quelque temps, puis, pour la reconnaître et pour la protéger, même en mon absence, je détachai le collier du cou de mon chien, j'y gravai, avec la pointe de mon couteau au-dessous du nom d'Alfaragns ces deux vers :

Prends pitié de mes jeunes faons.
Laisse la mère à ses enfants.

Puis, j'attachai le collier au cou de la biche, et le lendemain, je revins dans le bois, appelant, comme la veille, Alfaragus, nom consonnant que je pensai devoir porter plus loin l'accent de ma voix, et être un cri de ralliement pour la pauvre bête. J'eus le bonheur d'en être compris. Elle parut avec son jeune faon, et quand je revins quelques jours plus tard, d'autres habitants de la forêt arrivèrent au nom d'Alfaragus, comme vous venez de le voir.

JEAN DE NAMUR. — Et la biche, qu'est-elle devenue?

L'INCONNU. — Les chasseurs l'ont respectée ; la voici.

Elle était facile à reconnaître ; elle se distinguait des autres par son collier.

L'inconnu fit approcher Jean de Namur pour en lire l'inscription. Le maître, après en avoir pris connaissance dit à l'inconnu :

— Vous n'aviez gravé qu'un distique, je crois, sur ce collier? Eh bien, on y en a ajouté un autre, le voici :

Vis en paix ; je brise mes armes.
Fi! d'un plaisir qui naît des larmes.

L'INCONNU. — Dieu soit loué ! voilà encore un chasseur converti, et cette nouvelle inscription assure l'existence de cette pauvre bête. Nul ne voudra détruire ce qu'un chasseur a respecté.

Mais tout ce gibier, accouru à la voix de l'inconnu, ne tarda pas à fuir quand il aperçut des étrangers; la biche elle-même, ne se laissa pas approcher par les enfants et disparut.

— Puissance merveilleuse de la supériorité morale! s'écria le maître. Non, je ne veux pas d'autres preuves de l'excellence de votre nature, Monsieur, que cet empressement des animaux à se précipiter vers vous. A mes yeux, cette attraction est un certificat d'honnête homme et, sans vous connaître, je vous tends la main, je sens que nous sommes frères.

— Honnête homme, je m'en flatte, répliqua l'inconnu, en posant sa main dans celle de Jean de Namur, c'est mon plus beau titre. C'est aussi ce que les gens du pays veulent exprimer en m'appelant le brave homme, le bonhomme. Ils viennent à moi aussi ceux-là, car je leur fais du bien le plus que je peux; seulement parmi les hommes, il y en a qui perdent la mémoire; chez les animaux tous la conservent.

— C'est vrai, dit le maître, et quand ces animaux sont notre propriété, nous travaillons pour nous-mêmes en les rendant heureux.

10

L'INCONNU. — En les rendant heureux, nous travaillons toujours pour nous, qu'ils soient notre propriété ou non, puisque partout où Dieu les a placés, ils n'existent que pour nous servir.

Notre intérêt est donc de les protéger, de les conserver et de les laisser multiplier.

Mais voici le soleil qui disparaît au-dessous de l'horizon; excusez-moi, Monsieur le maître, de ne pas prolonger un entretien fort intéressant pour moi; il faut que je rentre à mon presbytère pour travailler au bonheur d'autres créatures de Dieu.

— Ah! s'écria Jean de Namur, je ne me trompais point en voyant quelque chose de sacré dans votre personne. Homme de Dieu, priez pour nous, et que les créatures supérieures accourent comme les autres à votre appel.

L'inconnu suivit un petit chemin tracé sur le flanc de la colline. Le maître et ses élèves remontèrent en voiture après avoir réveillé Pinacker qui ronflait à faire dresser les oreilles de son cheval.

Le vieux cocher demanda si l'on ferait encore une station au sommet de la première côte.

— Non, dit le maître; voici la nuit qui

descend à grands pas, nous ne nous arrête-
rons plus que chez nous et vous ne dormirez
plus que dans votre lit, mon bon Pinacker;
n'y courez pas trop vite pourtant, car votre
pauvre cheval n'a pas, comme vous, pris
un à-compte sur sa nuit.

On se casa dans la voiture avec des allures bien différentes de celles du matin; on
se disputa les coins en prévision d'un
somme; le panier aux provisions ne préoc-
cupa plus les esprits; les élèves les moins
fatigués prirent place auprès de Jean de Namur et l'entretinrent du bon curé auquel
toute la nature animée était soumise, et Jean
de Namur résuma ainsi les évènements du
jour :

— Vous l'avez vu, mes enfants, partout
où l'homme est doux envers les animaux,
ceux-ci donnent généreusement, en les cen-
tuplant, toutes leurs forces.

Partout où l'homme est cruel, l'animal
se roidit, dépérit et rend de moins bons
services.

Partout où l'homme règne en père, il
trouve des intelligences.

Partout où il règne en tyran, il ne trouve
plus que des brutes.

Partout où l'homme épand son cœur, il fleurit un trésor.

Partout où il exerce sa cruauté, il ne trouve plus que de la fange.

Partout où l'homme conserve l'œuvre de Dieu, la semence se change en or.

Partout où il détruit, il récolte la ruine. Et moralement parlant :

Partout où il met son plaisir dans la souffrance, il trouve sa punition et son avilissement.

Partout où il console et soulage, il trouve sa récompense et son élévation.

La joie du juste est étroitement liée au bonheur de tout ce qui vit.

Dieu n'a sacré l'homme roi de la création, que pour qu'il exerçât un empire de mansuétude.

Or, l'homme est déchu de sa royauté du jour où il inflige la souffrance.

Et la chute de sa royauté entraîne toujours la décadence de sa fortune.

ADRIEN. — Monsieur, je veux être doux et travailler à rendre doux tous ceux qui ne le sont pas.

JÉRÔME. — Moi, Monsieur, puisque les animaux souffrent comme nous, je veux toujours me mettre à leur place, quand je

les verrai souffrir, afin de compatir plus effi-
cacement au mal qu'ils endurent.

PHILIPPE. — Moi, je vais bien caliner papa
pour qu'on n'attèle plus cascaro à la petite
voiture. Les chiens ne doivent pas remplacer les ânes.

PAUL. — Quant à moi, je sais bien ce que
je glisserai dans le compliment que j'adresse
tous les ans à mon parrain le bourgmestre.
Je lui demanderai, au nom de toutes les ma-
mans, qu'il soit défendu de tuer un animal
dans les boutiques.

ETIENNE *s'éveillant en sursaut.* — Plus de
combat de coqs . . .

PIERRE, *endormi et rêvant.* — Arrêtez le
tireur à l'anguille! arrêtez-le! . . .

JOSEPH, *endormi les mains jointes.* —
Laissez vivre les petits oiseaux!

FIN

TABLE DES MATIÈRES

Extrait du rapport du jury d'examen sur le
concours ouvert par la Société royal protec-
trice des animaux, à Bruxelles   5
Préface . . g   7
Sur le grand chemin   11
Le plus bête des deux n'est pas celui qu'on
pense   25
Les enfants gâtés et ceux qui ne le sont pas.   37
Sur la colline   48
Le nid de fauvette.   56
Les petits serviteurs sans gages.   67
Un homme qui veut corriger l'œuvre du bon
Dieu.   76
Une bande de barbares.   82
Un homme pressé de perdre son argent . . .   91
A travers champs   97
Entre la pluie et le beau temps.   112
Roche et son maître   119
Péril sans gloire.   122
Autre jeu qui n'est pas innocent   129
Une course échevelée   134
Les bienfaiteurs méconnus.   139
Une ombre sur le chemin   145
Le chant de l'aveugle   150
Plus de lumière   154
Une leçon bien appliquée   156
Bienheureux ceux qui sont doux   162

Coulommiers. — Typographie de A. MOUSSIN.

www.ingramcontent.com/pod-product-compliance
Lightning Source LLC
LaVergne TN
LVHW050747200726
843507LV00001B/77